公园城市绿地规划与经典案例研究

张文军　著

东北林业大学出版社
Northeast Forestry University Press

·哈尔滨·

图书在版编目（CIP）数据

公园城市绿地规划与经典案例研究 / 张文军著 . — 哈尔滨：
东北林业大学出版社，2024.4

ISBN 978-7-5674-3549-0

Ⅰ . ①公… Ⅱ . ①张… Ⅲ . ①城市规划 – 绿化规划 – 研究

Ⅳ . ① TU985

中国国家版本馆 CIP 数据核字 (2024) 第 091175 号

责任编辑：潘　琦
封面设计：乔鑫鑫
出版发行：东北林业大学出版社
　　　　　（哈尔滨市香坊区哈平六道街 6 号　邮编：150040）
印　　装：三河市华东印刷有限公司
开　　本：787 mm × 1092 mm　1/16
印　　张：10.75
字　　数：200 千字
版　　次：2024 年 4 月第 1 版
印　　次：2024 年 4 月第 1 次印刷
书　　号：ISBN 978-7-5674-3549-0
定　　价：86.00 元

前　言

2018年，习近平总书记在四川调研时首次提出"公园城市"全新理念和城市发展新范式，强调要把城市规划好、建设好，特别是突出公园城市的特点，把生态价值考虑进去，以生态视野在城市构建山水林田湖草沙生命共同体，布局高品质绿色空间体系，将"城市中的公园"升级为"公园中的城市"，形成人与自然和谐发展新格局。

2023年，全国首个公园城市标准体系《四川天府新区公园城市标准体系（2.0版）》正式对外公布，强化规划先行，重在践行"城在园中"理念，构建"安全韧性、自然生态、空间体系、形态风貌"4个子系统及42个重点标准。明确坚守71%生态红线，统筹生产、生活、生态空间，建立显山露水、大开大阖、疏密有致的空间格局，建立总规划师、专业机构支撑的技术保障体系等。新形势下促进公园城市的建设，改善城市生态环境，焕发城市人文活力，摆脱"千城一面"的景观特色不足问题、文化消失问题、生态安全危机、产业疲软危机，在某种程度上将决定我国绝大多数人口的生活质量、健康和价值理念。

本书通过对公园城市的相关概念的梳理分析，运用文献研究法、比较分析法、经典案例分析法，对照公园城市指数框架体系分析创建公园城市的建设思路。针对公园城市建设的现实需求，以"道法自然、天人合一"为价值理念，以城市规划学、生态学、环境承载力原理、园林美学等为基础理论，分析城市自然—社会—经济—文化高度复杂的巨系统，提出公园城市绿地规划的技术要点和方法。

全书共10章。第1章阐述公园城市的概念与内涵，总结我国公园城市建设的探索与实践，明确取得的成果和不足。第2章提出公园城市绿地规划的主要理论基础，并用具体案例来解读这些原理的意义和实践应用。第3章阐述公园城市绿地的功能，生态防护、游憩娱乐、环境美化、避险救灾功能及案例解读。第4章介绍城市公园绿地规划的程序与内容，建立完整的规划思路和内容。第5章具体分析城市公园绿地规划设计，分类介绍综合公园、专类公园、社区公园等经典案例。第 6 至 9 章分别介绍了城市居住区绿地、道路绿地、广场绿地、湿地的专项规划设计。第 10 章强调了城市生态修复规划设计，并进行经典案例解剖与分析，为公园城市绿地规划和城市双修提供理论和实践指导。

  本书作者河南城建学院张文军老师负责撰写了全书的主要内容，共计 20 万字。由于公园城市绿地规划领域在我国的研究刚刚起步，本人的学术积淀还不够深厚，加上时间仓促，本书难免存在纰漏和不足之处，恳请各位不吝赐教。

作者

2024 年 2 月

目　　录

第1章 公园城市及其建设

1.1 公园城市的概念与内涵

1.1.1 公园城市的概念

早在古希腊时期，亚里士多德最先提出，"人们来到城市是为了生活，人们居住在城市是为了生活得更好。"从城市诞生时起，塑造城市之美、创造美好生活就一直是人类追求的主要目标之一。19世纪中叶，奥姆斯特德在纽约设计的中央公园首次将公园与城市相结合，为市民提供舒适的公共空间和放松身心的游憩地。1902年，英国社会学家埃比尼泽·霍华德在代表作《明日的田园城市》中，第一次将生态与生产、生活并列，提出了"田园城市"的概念。他把田园城市作为解决城市污染、交通拥堵等工业革命带来的"城市病"问题进而促进城乡融合的经济生态有机体。1933年，法国建筑大师勒·柯布西耶通过城市功能分区，画出"光辉城市"的蓝图。此后又涌现出森林城市、花园城市、生态城市、山水城市等城市类型。"森林城市"通常指的是在市中心或市郊地带，拥有较大森林面积或森林公园的城市或城市群。"花园城市"也称为"园林城市"，指环境优美、花木繁盛、景色如花园的城市，其基本内涵是在城市规划和设计中融入景观园林艺术，使得城市建设具有园林的特色与韵味。

根据《公园设计规范》（GB 51192—2016），"公园"是指向公众开放，以游憩为主要功能，有较完善的设施，兼具生态、美化等作用的绿地。"公园城市"，简而言之即为"公园化的城市"，具有以下特点。一是标准公园化，按照公园标准，构建生产、生活、生态"三生融合"的空间，努力实现生态效益、社会效益、经济效益三大效益的统一。二是全方位开放，把城市作为"最大的公共产品"，构建尺度宜人、开放相容、邻里和谐的开放空间，提高城市活力，提升城市品质，为民众提供互动交流的机会。

公园城市是和城市公园相对应的概念，公园城市是覆盖全城市的大系统，城市是从公园中"长"出来的一组一组的建筑，形成系统式的绿地，而不是孤岛式的公园。公园城市是贯彻新发展理念尤其是绿色发展理念的产物，与绿色治理密切相关。从绿色治理的角度出发，公园城市作为一个全新的发展体系模式，从其概念提出到实施落地，不是一朝一夕之事。就我国而言，公园城市是山水城市、生态园林城市、宜居城市等城市发展理论的提炼与升华，经过诸多学者不断更新研究的城市发展理论才形成了现如今的公园城市理论。

早在 1990 年，我国著名科学家钱学森首次提出山水城市理论，该理论的核心思想为城市建设应该充分融合当地的山水自然并提倡天人合一的哲学观，山水城市理论便是生态园林城市理论的前身。生态园林城市，顾名思义则是在城市的园林建设上下功夫，进一步细化和完善山水城市理论。吴人韦等指出，要传承并发扬中国优秀的园林设计风格，以期达到园中有城、城在园中，城市建设在广阔的园中的目的。不难看出，生态园林城市理论已经认识到了生态环境对一个城市发展的重要性，并且将其放在了城市建设的首要位置，可是如果仅仅通过对城市生态环境的绿化，提高园林绿地率这一单一的举措就想让城市得到长足的发展恐怕还很难实现。吴宇江在 2010 年指出，一个优美的城市应当将城市里的建筑和园林绿地融合生态的自然景观，依照自然生境设计城市发展，让三者形成一个有机的整体。当代中国学者对公园城市有了新的探讨。李金路认为，不仅仅是在城市中建造公园，要跳出这种传统的思维方式，将城市融入公园。有学者认为，公园城市是将公共服务设施系统、市政基础设施体系、城市生态环境系统与居民生活环境相结合的一个整体，公园城市中的"公"字，强调公共属性，要以人民为中心，让人民群众切实感受到居住环境的变化，感受到绿色生态的福祉，把园林设计放在首位，重视其在生态修复中的作用。刘滨谊认为，公园城市是对生态园林城市的城市功能进行了再次优化，这不仅仅是简单地在城市中增加绿地，而是将不同领域的智慧集中起来，运用新理念、新思想、先进的技术方法来满足城市的多元化、协调发展，同时让城市的公共服务更加完善、市政设施更加齐全，这些研究丰富了公园城市的理论内涵与建设方法。

区别于以往"园林城市""森林城市"等以注重绿化指标、美化城市、生态宜居为目标，公园城市建设注重全面统筹"三生"空间，系统构建"自然—城市"共同体，强调绿地系统、公园体系与城市空间的融合发展，重视城市景观风貌与城市自然山水体系的融合发展。除了重视空间格局外，公园城市更注重"公"的核心要义，即以人民为中心，突出绿地的公共性和开放性，强化绿地的复合功能，促进多元共生，展现地域特性。综上所述，在城市发展理论的不断研究和探索下，越来越重视城市里的自然山水，强调处理好人与自然的关系。公园城市是多元治理主体，为满足人民对美好生活需要，在空间正义的基础上，以绿色价值理念为指导，以资源共享为前提，以打造人与自然伙伴相依的命运共同体为载体的新型城市治理形态。公园城市建设有绿道型、山水型、郊野型、人文型、街区型、产业型等形态，并在实践中不断创新创造出更多形态，更好地满足人民群众对美好生活的向往。

2018 年 2 月，习近平总书记在四川视察时提出，要突出公园城市特点，把生态价值考虑进去，努力打造新的增长极，建设内陆开放经济高地。"公园城市"建设理念横空出世，成为社会各界关注的焦点。

1.1.2　公园城市的内涵

公园城市是一个集生态性、景观性、功能性、文化性、普惠性于一体的宜居、宜业、宜学、宜养、宜游的美丽家园，是全面体现新发展理念的城市发展高级形态，是生态文明新时代的城市建设新模式。公园城市的核心本质就是家园，所以要以满足市民百姓的需求为第一要务，兼顾外来投资者和游人的需求。"以人为本"是公园城市建设的出发点和落脚点，但要以生态保护和修复为基本前提，以城市高品质有韧性、健康可持续发展和社会经济绿色高效发展为保障，最终实现生态美好、生产发展、生活幸福。

1.1.2.1　公园城市充分彰显"以人民为中心"的治理导向

中国特色社会主义进入新时代，我国社会主要矛盾转化为人民日益增长的美好生活需要和不平衡不充分的发展之间的矛盾。因此，满足人民美好生活需要就成为新时代治国理政的根本目标。人民对美好生活的需求具有多样性，不仅是物质上的满足、精神上的富足，还包含对生态环境的关注，这是一种对实现经济、政治、文化、社会、生态协调发展的生命共同体的需求。公园城市汇聚了经济、政治、社会、文化、生态等全要素、多领域的美好期许，兼具了"绿水青山""绿色低碳""多元共治""以文化人""美好生活"等多元价值要素。因而，公园城市就在这种不断满足人民美好生活需要的时代背景下应运而生。公园城市治理就是以人民为中心，以绿色发展理念为指导，实现人、城、境、业和谐统一，打造生产、生活、生态有机融合的生命共同体。相比田园城市、森林城市、园林城市、生态城市，公园城市更能体现以人民为中心的治理导向，更有助于实现人民对美好生活的需要。

1.1.2.2 公园城市是山水城市、园林城市的现代传承与发展

"山水城市"概念由钱学森提出，不仅涉及中国古代山水诗词、古典园林、中国山水画与城市建设的结合，还涉及自然与人工环境的结合，涉及科学与艺术的结合，涉及物质文明与精神文明的结合等方面。园林城市强调人与环境的和谐，强调城市的自然空间、社会空间、文化空间、意象空间等各种类型空间形态的和谐、高效，可持续地进行演替、融合和发展。公园城市除了注重优美的生态环境之外，更强调生态效益、社会效益、经济效益三大效益的统一，通过构建融入山水自然、彰显文化特色的城市绿色格局，塑造和谐诗意的理想城市人居环境。

1.1.2.3 公园城市有别于田园城市

从历史背景来看，田园城市构想产生于工业化和城市化加速发展时期，是工业文明思维模式下的城市构建，在这一时期，强调"人为主体，自然为用"的发展理念，过分地凸显人的主体地位而忽视城市与其他部分的内在价值，割裂了城市与人、城市与自然环境、人与自然环境的关系。公园城市是立足工业化后期到后工业化过渡阶段提出的规划思想，是生态文明建设理念下城市发展的新范式，它用更为理智的态度对待生态环境，反对盲目的资源开发与滥用，重视人与自然、人与人、人与社会的协调发展，超越了工业化城市以单纯追求生产效益为中心的发展理念，实现从简单粗放的规模扩张、以单一性经济增长为主，转向以人为本、基于自然、生态经济社会统筹协调发展的模式，切实解决城市发展过程中面临的困境。

对于大多数人而言，处处有公园、绿地可能是对公园城市最直观的理解。虽然公园城市不等于"公园＋城市"，但"公园"所蕴含的绿色、生态绝对是公园城市不可或缺的"底色"。近年来，在城市规划建设、更新改造中深入贯彻绿色发展、共享发展的理念，把公园城市作为推进美丽中国和健康中国建设，推进海绵城市和低碳城市建设的重要抓手，因地制宜建设覆盖城乡、均衡布局的公园城市体系，努力为广大市民打造宽敞、无障碍、全天候的健身锻炼和公共活动空间，提供优质的公共生态产品，推动园林城市向公园城市转变等也是让老百姓得到了明显的实惠，成为群众最满意民生工程之一。

城市的生态与人文价值，不仅是其本身的价值，还有其提升带来的城市宜居、人才吸引、产业发展、创新集聚等多方面的价值。通过绿色生态建设，营造绿色宜居的生活环境和山水相宜的城市风貌，既可以保障城市生态系统功能健全，

还有助于挖掘城市内涵，彰显城市底蕴，可以促进城市整体价值的提升。良好的生态环境是人和社会持续发展的基础。应当牢固树立绿色发展理念，自觉把绿色发展理念贯穿于经济社会发展的全过程和各方面，追求干净的 GDP、绿色的 GDP，把青山绿水守护好、传承好。"公园社区"是"公园城市"的基础和细胞，其核心内容是"以人为本"综合服务功能的提升，强调生态环境、公共空间、居民家庭、城市建筑、历史文化、社会服务、经济发展等要素的有机融合。

1.2 公园城市建设的探索与实践

1.2.1 公园城市建设背景

2018 年年初，习近平总书记在成都天府新区视察的时候，首次提出了建设公园城市这一创新理念。公园城市理念是习近平总书记针对新时代下生态文明建设的最新理论成果，为新时代破解城市发展与增强城市生命活力提供了有力的指引。

中国城市在短短几十年间完成发达国家几百年的进程，在取得巨大成就的同时，一系列"城市病"日益显现，中国在时代转型的背景下提出了公园城市的理念。"突出公园城市特点，把生态价值考虑进去，努力打造新的增长极，建设内陆开放经济高地"是习总书记对公园城市最直接、最准确的定义，也是新时代城市发展的新模式。

"公园城市"并不是"公园"与"城市"简单叠加组成的词语，而是"公""园""城""市"四字代表的意思的总和。"公"，全民共享，强调权属；"园"，生态多样，强调生态系统；"城"，生活宜居，强调人居环境；"市"，创新生产，强调经济产业。"公园城市"作为全面体现新发展理念的城市发展高级形态，坚持以人民为中心、以生态文明为引领，是将公园形态与城市空间有机融合，"生产、生活、生态"空间相宜，自然、经济、社会、人文相融的复合系统，是人、城、境、业高度和谐统一的现代化城市，是新时代可持续发展城市建设的新模式，是满足人们对美好生活向往的城市建设新理念，是我国城市发展经营方式的转型升级。

1.2.2 我国公园城市建设的理论探索

目前对公园城市的研究主要是对概念定义、内涵理解、发展模式和路径探索方面。新一线城市商业聚集度、城市枢纽性、城市人活跃度、生活方式多样性和未来可塑性均较高，具备良好的经济基础，已经构建了便利的生活环境，为进一步推进城市可持续发展打下了良好的基础。

1.2.3 我国代表性公园城市建设的探索与实践

1.2.3.1 成都市规划建设公园城市的实践与探索

成都市有独特的自然生态本底、深厚的历史文化底蕴，经济持续发展、生活休闲宜居、人居环境品质不断提升、城乡统筹协调发展，已具备建设公园城市的较好基础条件。

结合上述理论研究，成都市围绕"美化境—服务人—建好城—提升业"四大维度，突出生产、生活、生态空间的有机融合，努力实现"人、城、境、业"的高度和谐统一，探索公园城市的营建路径。

（1）围绕美化"境"，营造人与自然和谐共生的生命共同体。

①以保护自然生态要素为前提，统筹山水林田湖草，锚固公园城市绿色空间本底。将生态底线作为城镇空间布局必须避让的基本前提，根据资源环境承载能力和国土空间开发适宜性评价，全面保护山水田林湖草生态要素，延续河网水系格局，严守耕地保护红线，并对龙门山、龙泉山、都江堰精华灌区等生态价值及敏感性较高的区域进行重点保护，构建形成"两山、两网、两环、六片"的生态格局，保护美丽宜居公园城市的生态本底。

②以生物视角维系自然生境系统，构建三级生态廊道，保护生物多样性和生态栖息地。深入研究市域物种活动特征、迁徙路径及生境需求，以水域（湿地）、林地自然生境系统建设为载体，科学构建三级具有生物多样性的生态廊道，最大化保护生境敏感度高的区域，锚固和串联动植物家园空间，全面提升生物多样性水平与生态空间效能，营造人与动物和谐相处的生态栖息地。

③以人民对美好生活向往为出发点，构建星罗棋布、类型多样的3大类、15小类、50余种的全域公园体系。根据生态格局、资源禀赋与功能需求，首先结合市域生态格局划定形成3大类公园，包括在两山区域划定山地公园，在生态农业区划定乡村公园、在城市建设区域划定城市公园。结合自然及历史文化等资源条件，城市组团功能需求以及绿地规模，在3大类公园基础上细分形成15项中类公园，并结合居民日常生产生活多样化需求进一步分为50余项小类公园。同时，充分发挥城市绿道及慢行网络的串联作用，依托全域公园体系引领城市空间形态

的优化和城市功能品质的提升，形成"公园+"的空间布局模式。

（2）围绕服务"人"，充分满足市民对美好生活的需要。

围绕人的居住、工作、游憩、交通等方面，推进公园生活无时无处不在，实现让居民在生态中享受生活、在公园中享有服务，促进人情味、归属感和街坊感等的回归。

①满足居民对高品质居住的需求，优化公共服务设施供给，强化重大区域性及功能性公共服务配置，满足居民国际化、品质化的公共服务需求；建构满覆盖、便捷化、"公园+"的15分钟社区生活圈，满足居民日常生活所需的教育、文化、体育、医疗、养老等基本公共服务，并通过公园、广场、绿道等公共开敞空间积极营造居民交流场景，全面提升居住环境和宜居水平。

②围绕人群工作需求，打造"产城一体、功能复合、配套完善、健康舒适"的现代化产业社区，以公园化开敞空间组织工作生产空间，突出健康型环境设计、人性化设施配套以及开放性创新交流空间建设，营造舒适宜人、活力高效的高品质工作场景。

③基于居民休闲娱乐需求和游憩行为特征，结合全域绿色生态资源，全面丰富居民生活的游憩体验。

④聚焦居民出行需求，构建"轨道+公交+慢行"的绿色交通系统，打造简约健康的绿色出行方式，同时强化社区绿道建设，构建具有多元体验的步行交通网以及便捷舒适的自行车交通网，并围绕工作出行、通学出行等需求积极打造特色鲜明的"上班的路""上学的路"。

（3）围绕建好"城"，构建新时代城市可持续发展的新形态。

①在城市总体层面，构建"园中建城、城中有园、城园相融、人城和谐"总体空间格局。充分尊重自然、顺应自然，依托山水田林湖草等生态资源本底，推动全域全要素国土空间"一张图"管控，把城市嵌入生态基底，并以公园、绿地等引导城市功能布局，形成以绿色为底色、以山水为景观、以绿道为脉络、以人文为特质、以街区为基础的大美空间形态。

②在片区层面，构建嵌套式、组群化布局的城绿交融空间布局模式。首先，强化引绿入城，识别片区内生态敏感或生态资源较好区域，加强内部绿地系统与外围生态空间的连通；其次，强化引水入城，以自然水体为载体，加强片区河湖连通，提升水生态能力，并串联城市生活、交通、休闲娱乐等，打造城水相融形态；最后，强化引风入城，构建片区多级通风廊道体系，提升片区大气环境质量

与居民体感舒适度。

③在社区层面，营造"开门见绿、推窗见景"的公园城市居民生活环境。打造多类型社区公园，以"见缝插绿"的形式增设小游园、微绿地、口袋公园等，以街区开放式绿地形式增加绿色公共开放空间，推动公园绿化空间与社区功能空间的无缝衔接与有机融合。同时注重街坊空间、邻里空间、街道空间等精细化设计，推进拆围透绿和道路高架桥绿化、屋顶绿化、建筑底层架空绿化等立体绿化建设，构建亲切自然、全龄友好、四季常绿的景观环境，全面提升公共空间绿视率和居民绿化感知度，积极营造高品质宜居社区。

④在街道层面，营造"以人为本、安全、美丽、活力、绿色、共享"的公园城市街道场景。推动街道设计空间从"道路红线设计"向"以街道为中心的'U'形空间一体化设计"转变，提升街区内部公共空间与街道空间的连通性与通透感，保证行人与街区内部空间的交通与视觉联系。同时，量化评估现状道路林荫率、绿视率，构建街道数据库，推动街道林荫化水平达到80%以上，全面提升居民出行体验。

（4）围绕提升"业"，推动城市经济组织方式的创新转变。

①围绕实现高质量发展，重塑产业经济地理，创新经济组织方式，以产业生态圈统筹"人－城－产"的营城逻辑，打造现代产业链、供应链、创新链，通过优质的城市公园城市环境、高效的资源配置协作吸引产业链所需的创新人才，迁入高端人才，并加速构建现代化开放型产业体系。

②以"产业生态化"为指导，构建绿色产业体系，推动先进制造业、生产性服务业和生活性服务业的高质量发展与低碳化迭代升级。同时，围绕新兴领域与新兴应用场景，以优质绿色生态资源组织产业空间布局，招引培育绿色生态产业，积极融入高端服务、研发设计、创新孵化等新型功能，推动"公园＋"新经济与新业态发展。

（5）强化实施保障，构建分层级分类型的公园城市规划技术管理体系。

为保障公园城市理念在各级各类国土空间规划中的有效传导与落实，在公园城市规划及建设导则指引下，加快导则的制定工作，实现将公园城市理念落实至各层级规划中；完善分类型的专项技术导则，加快出台城市规划标准等，将公园城市理念落实至各类型专项规划中，提升公园城市品质、彰显公园城市空间特色，指导公园城市建设实践。除此之外，探索构建了实施建设、保障支撑、评估监测相联动的公园城市建设支撑体系，确保公园城市建设早见成效。

1.2.3.2 南京市规划建设公园城市的实践与探索

（1）南京紫东公园城市理念。

紫东公园城市汲取公园城市"以人为本"的核心理念，依据紫东地区多样人群的特征，包括市民、人才、顾客、村民、居民等，提取了全域公园场景、公园居住场景、公园产区场景、公园商区场景、公园乡村场景及其他场景六大核心场景，并在每一类场景中实现公共空间、服务设施、交通网络、文化风貌等要素的有机融合。

（2）南京紫东公园城市建设引导。

①全域公园场景。

紫东公园生态环境优良，山水城林一体，绿化底蕴深厚，以绿道、水网串联，构建了紫东公园的绿地场景。但总体上存在全城公园普遍出现的各类问题，如配套服务设施缺失、休憩娱乐设施不足、文化表现力不足、绿道交通体系不完善等。

目前，公园城市的发展趋势主要有筑山水林田湖草生命共同体的生态观、突出以人民为中心的价值观、绿色空间和公共空间更加丰富、公共服务更加均衡、形成文化融合复合系统。

在顺应趋势的基础上，紫东公园城市全域公园场景秉承"以人为本"的核心理念，进一步将人文价值、经济价值、美学价值与最最基本的生态价值融合，强调生态环境、公共空间、历史文化、配套服务、旅游发展等多元素的有机融合，打造生态可持续、设施配套完善、便捷绿色交通、丰富文化活动、山地风貌鲜明、畅达多元紫东绿道的紫东全域公园场景。

②公园居住场景。

紫东地区在长期发展中已形成较大规模的居住空间。空间内社区类型多样，公共服务体系不断完善。但总体存在城市社区普遍出现的各类问题，如公共服务设施规模不足、服务结构不均衡、小尺度公共活动空间不足、服务设施步行到达不便等。

目前国内外居住社区的发展趋势主要有生活圈体系层级越来越清晰，居民日常生活所需的设施空间集约复合，人性化高密度的街道网络和高效的公交体系愈发必要，社会发展引导居民需求多元。

在顺应趋势的基础上，紫东公园城市公园住区场景秉承"以人为本"的核心理念，进一步将生态价值、美学价值、人文价值、经济价值与最基本的居住价值融合，强调生态环境、公共空间、居民家庭、城市建筑、历史文化、社会服务、经济发展等多元要素的有机融合，打造具有社区形式开放、住区尺度宜人、空间环境优美、文化特色鲜明、交通安全便捷、公共设施丰富共享等特征的紫东公园住区场景。

③公园产区场景。

紫东地区有国家级南京经济技术开发区和麒麟科创园等7个内涵概念先进的高新园区，形成了科技创新、生物医药、3D打印等具有竞争优势的特色新兴产业。但园区在规划上与周边环境割裂情况较为严重，小组团，大封闭，由围墙将产业空间与其他空间分割，高端人才需求较大。

结合公园城市核心要点与产业园区特征可以提取公园产区场景特色：开放共享的空间、产绿相容的环境及高端定制的配套。打通围墙置入公共绿地，塑造促使人才交流的共享空间，促进技术交流与产业创新，依托高品质的配套和产绿相容的生态环境持续吸引高端人才。

在此基础上，紫东公园城市产区以人为核心，强调生态环境、公共空间、配套服务，围绕生产污染防治、交流空间人性化、有序交通、丰富定制设施、文化展示等要素打造紫东公园产区场景。

④公园商区场景。

紫东地区的商区场景包括万达茂、湖滨天地这样的大型综合体，以及一些配套的商业服务。目前这些商业场景存在缺少交流活动空间、忽视城市特色和历史文化以及环境设施缺乏人性化等问题。

结合公园城市核心要点与商区特征可以提取公园产区场景特色：街道交流空间、人性化设施、特色文化鲜明。公园商区场景的街道空间是一个多维度、多功能的场景集合体，它将休闲、娱乐、购物、餐饮和健身等多种业态融为一体，具有高度的开放性和互动性。

在此基础上，紫东公园城市商区以人为核心，强调以活力交流街道、完善服务设施、绿色交通、文化创新等要素打造紫东公园产区场景。

⑤公园乡村场景。

紫东乡村场景紧邻南京主城区，发展关系密切，功能互补。依托区位和交通优势，紫东乡村场景生态环境优美，农产品丰富。随着外来人口的不断涌入，综合城镇率实现了快速增长，并与本地城镇化水平之间的差距也在不断扩大。城镇化的扩容也导致历史村、特色村随之消失。

结合公园城市核心要点与乡村场景特征可以提取公园乡村场景特点：满足美好生活需求、主客共享乡村环境、便捷生活设施和休闲服务配套。把乡村环境建设与形态塑造融入公园乡村场景的建设中，创造满足村民和市民美好生活需求的生活场景，打造"融于山水、居于园林"的特色乡村。

在此基础上，紫东公园乡村场景秉承"以人为本"的核心理念，强调通过"整田、理水、护林、安居"重塑大美乡村环境、依托近郊优势打造休闲服务、提供多元快慢交通，传承乡土文化等要素打造紫东公园乡村场景。

⑥其他场景。

紫东地区具有良好区位优势、科教资源优势、生态人文优势，除全域公园场景、公园居住场景、公园商区场景、公园产区场景、公园乡村场景这五大场景以外，还有一类城市微空间，着重关注市政设施、滨水空间、围墙、立体绿化、高架桥下空间这类细节场景。

目前，公园城市针对其他场景的发展趋势主要有市政设施地下化与绿化改造；滨水空间品质化提升；围墙可视化，全民共享改造；立体绿化多样性；高架桥下灰空间更新。

在顺应趋势的基础上，紫东公园城市其他场景秉承"以人为本"的核心理念，进一步将人文价值、经济价值、美学价值、生态价值与最基本功能性要求相融合，强调生态环境、公共空间、历史文化、空间复合、观赏性等多元素的有机融合，打造功能性与景观性的统一、空间互相渗透、观赏效果和功能兼备、多样复合空间的紫东地区其他场景。

1.2.4 小结

公园城市根本要回答的还是城市发展步入新的阶段、社会进步达到新的境界之后，我们要建设什么样的城市、城市怎么让人民生活更美好的问题。很多城市把建设美丽宜居公园城成市作为建设全面体现新发展理念的城市的重要抓手，以推动高质量发展、创造高品质生活、实现高效能治理为重点，正先行探索一条从理论研究、规划引领、政策引导到建设实践的公园城市营建路径。与此同时，我们也清醒认识到，公园城市建设方兴未艾，理论及实践探索任重道远，希望有更多的规划工作者参与探索与深化公园城市理论与实践，共同推动形成城市可持续发展新模式，共同推进生态文明新时代城市建设路径的创新。

第2章 公园城市绿地规划相关原理及案例研究

2.1 城市空间规划学原理及案例研究

在全球生态问题日益严峻的背景下，城市应更加强化生态保护，着力提升城市生态发展质量和水平，进一步加强城市空间规划构建领域改革和创新，积极将生态优先的思想融入城市规划设计里。而在本节中以荷兰莱顿市城市空间规划为启示进行案例分析。

2.1.1 城市空间规划原理的含义

城市空间规划原理是一种重要的城市空间结构形态和规划实施方案的研究理念，它在城市规划设计中起着至关重要的作用。它能够把城市建设的功能和外部环境完美地融合在一起，规划设计出美丽而环保的城市环境，使城市状况发展得更加完美。

城市规划原理的思想主要分为以下几个方面。

（1）综合考虑城市发展的历史、社会经济状况及地质、气候、生态条件，把握好发展的核心价值及各地的战略定位。

（2）细化城市发展的空间结构，规划出当地的经济开发区、商业街区、住宅地段等，做好土地的利用以满足当地居民的居住和经济发展需求。

（3）确定城市发展的政策，通过城市发展的政策管控，加快城市发展的时序，以及细化城市的结构，从而更好地利用资源。

（4）做好合理的交通规划，完善城市的交通体系，提高城市交通便利性，确保市民以最舒适、快捷、安全等方式出行。

（5）结合当地社会经济发展实际，增添城市制度完善性，加强企业、组织等机构对城市发展政策和规划的监督，以建立健全运行有序的城市治理体系。

此外，规划设计还需要考虑城市环境质量问题，如绿地、空气、水和声音的质量等，并采取行之有效的措施来加强环境保护和改善城市环境质量，从而提升城市的生活质量。

城市规划原理是一个系统而完整的理念，侧重于以有效便捷的公共空间结构，规划合理的规划和实施方案，以保证城市建设的完整和良性发展。综上，城市规划原理是一种有效的空间穿梭体系，是城市发展的重要理论基础，也是保证城市可持续发展的必要物质基础。

2.1.2 城市空间规划内容和项目

2.1.2.1 土地规划

土地是城市的空间基础，土地规划与城市的财政收入相关，土地资源的配置应保证现有的经济社会发展以及未来的经济社会建设需要。土地规划要顾及郊区和附属的乡村建设，为农业保留用地。合理规划能够助力城市实现长远的发展目标，土地资源不能完全利用，需要为生态保留一定的土地规划。

2.1.2.2 交通网络规划

城市的交通网络需要占用较多的空间资源，交通网在城市的各个领域均发挥作用，因此，交通网的规划需要考虑综合因素，可以在经济、社会、人文各个环节保证实现城市的可持续发展。交通网包含城际间的大交通、城市道路公交网。交通网需要在人口密集区保证一定的密度，避免出现交通拥堵，需要合理的空间规划。交通规划应对交通工具进行有效调控，公共交通车道与私家车道的数量应进行科学核定，在保证大规模人群出行便利的基础上，为私人车辆开辟一定活动空间。交通网络需要占用土地资源，因此，交通规划需要与土地规划综合进行，保证规划设计得更科学。

2.1.2.3 环境空间规划

城市的环境空间应注重生态平衡，保证人和自然环境均具有自身的活动空间，促进人与自然和谐发展的可持续原则要求。城市的基础设施建设不能越界，不能占用过多自然环境用地，要给城市的野生动物保留栖息环境。动物的可持续发展会促进人的居住环境得以改善，如果动物没有足够的生存环境，便会侵入人们居住的空间。

2.1.2.4 居住空间规划

人们对于空间感有一定的审美和生活需要，合理的居住环境布局能让人们心胸开阔，城市居民由于空间环境的合理设置可获得美好的心情，有益于城市的发展建设；城市的空间布局逼仄，让人感到压抑，进而影响社会效益。居住空间规划要保证人们向往的平等和自由理想，在实践环节，居民建筑应有园林设计的参与以及相辅相成的配套基础设施，使人们有家的归属感，人心踏实，社会可保持稳定，促使可持续发展。

2.1.3 荷兰规划体系构架的政治文化背景及发展动向

2.1.3.1 荷兰空间规划体系的政治背景

荷兰规划体系的构架与其政治、文化传统密切相关。荷兰政府分为国家、省和地方三级，省级政府是自治的独立体；除了某些权力保留给国家和省级政府外，地方政府也是自治的。荷兰是世界上最早推行市场经济的国家之一，第二次世界大战后大力构建福利社会。引导性的集权管理和广泛的民主政治是荷兰政权体系的最根本特色，而国家空间规划体系也反映了这一特征，强调横向和纵向的沟通、协商和共赢的原则。

由于历史上频繁受水灾、海水倒灌等自然灾害的困扰，受土地资源稀缺等因素的制约，生活在低地的民族在与不利自然环境抗争的过程中培养出了设计好、管理好每寸国土的国家文化。填海造地运动以及战后住房和城市更新大潮所形成的集体性造就了荷兰传统的空间规划体系。作为欧洲的农业大国，对乡村田园的喜爱和自然环境的保护信念深植民心，促成了各级政府、民间团体和群众自觉抵制无序城镇化、拥护理性规划和可持续发展理念的态度。荷兰社会有着遵纪守法、按规矩和计划办事的民风。荷兰相对人多地少，需要科学利用有限的土地资源，划分生态空间、农业空间和城镇发展空间。同时荷兰地势低洼，水系众多，排水组织复杂，还要考虑风、暴、潮的影响，必须执行较严格的区域规划管控。因此，荷兰制定了全域覆盖的空间规划体系，建立了较完备的空间规划信息平台网络，协调不同地域之间保护与发展问题，体现政党、企业主、市民的利益诉求。

在复杂多变的现代城市生态系统中，要强调城市更新情况分析，比如城市生态系统内部的稳定性、相互依存的情况等。通过对这些复杂情况进行分析，发现其中的特点与规律，使健康城市更新理论遵循协调性；调查分析场地内的限制元素，实行城市建筑功能分区，符合各种环境下的生存与发展需求。落实层次与环境的匹配模式，增强政府管控能力与职能作用，实现城市空间最优化配置。实际工作过程中，要根据不同地区间的实际情况，实现合理的规划管理，在保护自然环境生态系统的前提下，对健康城市发展进行资源最优化配比。

荷兰空间规划体系由自上而下、多层次的规划构成，保证由中央到省市的政策得以延续和实施。中央政府和省政府可以决定具有全国和全省重要意义的大型基础设施项目的投资，并通过对下一层次规划内容的干预实现本级政府的发展意图。荷兰全国层面的规划主要为全国空间规划，由荷兰住宅、空间规划与环境部组织，国家空间规划机构等参与编制，主要解决国家空间战略核心问题。省级层面规划主要为省级区域规划，也包括跨省的重点发展地区规划，由省政府、省议会、省空间规划委员会和机构等编制。市级层面规划主要包括结构规划、远景规划、公共空间规划、重点项目节点地区规划，以及公众咨询等，由市议会、市政府、城市规划咨询机构组织编制。

2.1.3.2　荷兰空间规划发展新动向

为适应经济全球化、市场竞争、区域竞合，荷兰2008年6月1日实施了新的《空间规划法》，简化了规划程序；将更多的规划责任下放到基层，地方政府拥有了更大的政策解读自由度和决策空间。

需要重点说明的是，直接指导土地利用管理，作为法定规划的是荷兰全域覆盖的土地分区图则。图则内容具体翔实，任何的开发建设必须符合规划的规定和要求。荷兰政府开辟了数字空间规划在线窗口，自2010年1月1日起，公众可以通过网站免费查询获取某一地区的土地利用规划图、空间建设计划，查询地籍。

2.1.4　莱顿市相关规划及特点

2.1.4.1　莱顿市主要上位规划

荷兰市级层面之上的规划主要涉及四方面主题。排在首位的主题是水系和三角洲安全，尤其针对莱茵河、马斯河和斯凯尔特河的三角洲区域；其次是延续各城镇历史文化，建设活力宜居城镇；第三个主题是农村和农业生产空间，倡导节约宝贵农地，保留绿心环带等生态景观空间；第四个主题是交通等基础设施，从传统水路运输到现今完整高效轨道运输系统。

通过荷兰全国空间规划平台可以在结构规划项查看到所有中央政府、直辖市最新发布的全国、省级、区域、省级部门、市级等各级空间结构规划和发展远景规划。

由于省级政府规划职能减弱，在南荷兰省政府的网站上，并未将省级规划作为重点内容进行公示，只对省域范围重要建设项目的规划、建设情况进行新闻报道。在莱顿市政府网站上，重点引用了住宅、空间规划与环境部，以及经济事务部制定的国家和区域规划。这些规划主要涉及 3 项荷兰国家空间规划，包括基础设施与空间规划策略、荷兰 35 个代表性空间规划，以及荷兰三角洲建设计划。

规划首先简要分析了城市交通区位与文化特征；分析城市未来发展趋势与影响，尤其是全球知识经济与休闲旅游业快速发展的背景；其次阐述未来 20 年如何增加社会福利，降低失业率，繁荣发展；最后阐述积极寻求与周边城市合作，结合土地结构管控和项目规划，分步实现远景。规划开篇明确提出城市远景发展两大目标：一是做知识创新型城市，促进教育科研进步；二是传承历史风貌，营造美好生活工作环境。规划重点研究了城市人口数量增减，人口年龄结构，教育设施和学龄人口的现状和变化，国际学生及游客的增长趋势，以确定提供哪些城市服务，研究人口变化趋势并提出对策。规划从实施的角度，提出将空间结构规划与社会发展政策结合匹配，尤其在住房建设保障、文体教育设施、就业投资政策等方面。

2.1.4.2 莱顿市"2025 结构规划"

莱顿市"2025 结构规划"是基于城市远景发展目标要求，对于城市空间的下一步规划。规划由市长和市议会成员组成的规划委员会负责。

规划首先结合远景规划两大目标，提出两个关键项目：一是城市老城中心的保护、开发，将老城建成为区域的重要旅游景点和历史文化保护展示地；二是在火车站以西建设生物科技园（新区），集中布置知识密集型企业，拓展莱顿大学城产城空间。结构规划从区域、市域和城市中心区三个层次分别分析城市结构。从区域层面，莱顿市位于沙丘、湖泊和圩田之间，是荷兰老莱茵河流域重要的科技型城市，与南北向的城镇带密切联系，分工合作。从市域层面，铁路和高速公路，以及老莱茵河将城市分为多个主要片区，老城中心和生物科技园作为城镇重点发展的两大片区。从城市中心区层面，结合铁路站区，沿威廉圣默大道向南延伸，建设商业游憩街区；沿环城的维特辛格运河建设人文特色的环城绿带，并沿线布置办公、科研等多种功能复合的用地空间。结构规划还结合近期重大项目划出 13 块重点建设地区，确定各区块的结构。

2012 年，莱顿市规划委员会编制了"2025 公共空间规划"，目的是提高公共空间的质量，提升城市凝聚力和公共空间分布的公平性。规划以"线"、"面"和"场所"三类结构形式分析公共空间系统的组成叠合。线形公共空间包括环城绿带和蓝色水网，两者相互交叉叠合，起到存贮涵养地表水量的作用。

城市道路基础设施包括城市快速环路和放射道路。放射道路将老城中心内环、外环、以及高速公路贯通，组成层级清晰、易于识别的道路系统，创建标准化的道路断面，减少交叉口形式。与远景规划、结构规划一致，公共空间规划也明确提出将老城中心和生物高科技园区作为两片最主要的面域公共空间。同时，规划提出提升城市建筑质量，尤其是加强历史建筑保护；建设高品质、可持续利用的公共空间。规划针对公共空间的评估也提出了要求，包括细节质量、环境管理成本、空间集约度、文化底蕴价值等标准。

2.1.5 鹿特丹市空间规划理念

在潜在的气候变化威胁下，韧性理念已逐渐影响鹿特丹土地利用、开发功能及建筑类型的分配方式。市级空间规划将韧性理解为提升城市在冲击和扰动下维持基本功能的能力，侧重具体的结构性规划或更为详细的土地利用规划，韧性的表现形式更具体，更具针对性，也能够更好地实施。鹿特丹的空间规划重点是关注基础设施建设，并认识到未来的发展是长期和不确定的，将水问题作为空间规划的重点，《鹿特丹气候变化策略 2013》、《鹿特丹区域空间规划 2020》、《鹿特丹水规划 2035》及《鹿特丹 2030 愿景》等规划文件均对这方面有所涉及。鹿特丹市空间规划策略体现出的韧性理念及特征如下。

（1）前瞻性。

《鹿特丹区域空间规划 2020》指出，气候变化"需要采取特殊应对措施，以保护该地区免受洪水和水资源短缺的影响"，在某些地区"需要扩大水道，调整圩田以暂时储存多余的雨水"；提出多种与水系协调发展的方式，在河口地区为未来预留空白用地，建设堤坝以承受周期性的洪水；将马斯河指定为主要的公共区域，并将水位变化与建筑建设标准相关联。

（2）创新性。

带动港口工业地区的能源转型，减少土地侵蚀和发展过程中填海的困扰；研究新的储水方法和水保护方法等。

（3）冗余性。

维持多中心的地域布局，更好地利用现有多中心布局结构。

（4）多样性。

《鹿特丹水规划 2035》及《气候变化策略》提出硬件防洪（堤坝、障碍物和其他水保护结构）及软件防洪（"防水"设计和开发的施工过程）共同作用，具体措施包括：创造兼备雨洪管理和公共活动的多功能城市水广场；利用缓冲地种植淡咸水交互植被，突出多样化的种植模式和生态潜力。

（5）适应性。

打造韧性水系统，更好地适应气候变化带来的影响；提高建筑适应性，拆除河道上的人工建筑物，建造可漂浮在水面上的房屋。

（6）独立性。

规划相对独立的交通和基础设施系统，如雨洪管理的独立化模块等。

（7）多尺度连通性。

强调更加广泛的水上公共交通系统和更加平稳的水陆互连关系。

（8）高效性。

提高公共交通和基础设施的连通高效性，提高城市应急反应能力等。

（9）协作性。

协作性不仅包括国家与地方政府之间的多层次协作能力，还包括政府、专家、环境保护主义者与当地居民等利益相关者之间的协作，形成上下联动的规划实施管理和响应机制。

（10）自组织能力。

在规划的决策过程中充分利用社区和媒体力量加强市民参与，社区或居民自组织能够依靠自身力量快速应对冲击，并逐渐恢复。

2.1.6 引入远景规划

法定规划通常全面、综合、理性，而规划重点、方向性不突出，同时为适应经济社会全球化，强调创新发展的态势，有必要通过战略规划凝聚共识。近年来，远景规划已成为荷兰城市空间规划体系中的一项重要内容。以莱顿市为例，城市的远景规划类似我国城市战略规划，但更简洁概要，并不着重对城市所有部分进行均衡考察，而更多的是确定"焦点地区"，提出焦点地区的发展指引，对其他地区仅做概括性的描述。荷兰的城市远景规划也通常从城市发展的角度提出目标，关注人的生存生活，经济、社会、文化、环境的可持续发展，而不是将重点局限在经济拉动或空间建设方面，仅提出城市空间结构、拓展方向目标。

2.1.7 重视韧性规划实施与管理机制

荷兰空间规划重视规划的管理、实施和利益相关者之间的协作，重视专家咨询、公众参与，能够在规划和实施过程中协调各方面的利益冲突。如鹿特丹案例中，包括环境主义保护者、非政府组织和科研机构等在内的不同利益集团共同参与协作网络并做出决策。三角洲法案评估委员会也提出实施阶段需要复杂利益相关者的共同参与，需要健全的规划实施、管理保障机制来保证利益相关者的干预权利并引导地区实现更大的韧性。在我国空间规划编制过程中，也应重视规划实施和管理过程中利益相关者的协作，强调政府、专家和公众等不同利益相关者的积极参与和协作，形成多层级协作的实施管理机制，共同促进规划实施落实、韧性规划措施。

2.1.8　小结

荷兰城市规划体系注重实效体现在三大方面，一是规划层次清晰，数量少而精；各规划定位、内容、形式基本不交叉重叠和矛盾，环节相扣；并以互联网为平台，易于查询使用。二是规划以全域协调发展和人的需求满足为根本目标。上位规划只重点控制生态空间、基础设施、历史文化区保护等，为下一级主体留出足够的规划空间和弹性；通过规划协商、公众参与、规划监督等规划机制保障，寻求本城市规划策略的"最大公约数"，城市规划政策得到信任和遵守，规划目标得到有效落实。三是将城市设计方法作为规划的重要手段，保证了城市空间品质、风貌特色；保证了土地集约、可持续利用，促进了美观、经济、适用的新材料、新建造方式的推广应用。

2.2　景观生态学原理及案例研究

城市绿地需要达到一定规模才能发挥较好的环境功能，低层次的散点状绿地分布带来的调节效应是有限的。同样的绿地指标，不同的空间布局所起到的景观与生态效应有着很大的差别。合理地进行城市绿地系统规划布局就是指在规划过程中科学安排城市各类园林绿地和市域大环境绿化空间。城市绿地系统规划应以景观生态学原理为指导，对城市绿地景观的组成要素及功能进行详细分析，完善城市绿化系统"斑块—廊道—基质"的系统建设，构建城市绿色网络体系。

2.2.1　景观生态学基本原理

景观生态学的发展为城市绿地系统和景观生态规划提供了新的理论依据，它把水平功能流，特别是生态流与景观的空间格局之间的关系作为研究对象，强调水平过程与景观格局之间的相互关系，把"斑块—廊道—基质"作为分析任何一种景观的模式。根据景观生态学基本原理，在区域范围，城市是一个典型的人工干扰斑块；在较小尺度上，城市是一个由基质、廊道、斑块等结构要素构成的景观单元，各组成要素之间通过一定的流动产生联系和相互作用，在空间上构成特定的分布组合形式，共同完成城市系统所承担的生产生活及还原自净等功能。绿化系统规划确定的城市公园、植物园、风景区等各类块状绿地形成绿色斑块；各类江、湖、河岸绿带或其他绿带形成绿色走廊；在一定的区域内，各种绿带如林荫道、沿河绿带和防护林带等绿色走廊交叉相连，形成绿色网络，则可以起到本底的作用，从而发挥动态控制能力。

2.2.2 经典案例

2.2.2.1 成都浣花溪公园

（1）"斑块—廊道—基质"理论。

①斑块分布。浣花溪公园位于浣花溪和干河交汇处，作为成都市迄今为止面积最大的开放性城市森林公园，利用既有自然环境和保护性湿地，对斑块进行了合理划分和设计。就面积而言，一般来说斑块面积越大，能支持的物种数量越多，物种的多样性和生产力水平也随面积的增大而提高。但是根据浣花溪公园的情况来看，本地植被与动物还是占有绝对优势，最开始移种到此处的刺槐、芙蓉、银杏、芦苇等本地野生植物生长得更好；而一些引进树种则出现生长缓慢或枯萎现象。可见，景观所处的地理环境和地理位置的不同也在很大程度上决定了物种的种类和繁荣程度。

②廊道布置。廊道是景观连接度的一种表现形式，在生物群体之间的个体交换、迁徙和生存中起着重要作用，这一点在浣花溪公园中表现得尤其明显。现在生活在其中的很多动物是外地迁徙而来的。因此目前在我国大部分城市环境质量欠佳的情况下，城市廊道的设计应在兼顾游憩观光基本功能的同时，将生态环保放在首位。

浣花溪公园的另一个重要特征就是"水"的利用。由于本来就拥有保护性湿地，又是河流的交汇地，所以整个园区对水的利用随处可见。通过宽窄适宜的景观水渠作为廊道，联系了湖泊斑块和湿地斑块，使得斑块之间能够有效地进行资源与能量的交换。

③基质分析。基质在景观要素中是所占面积最大、连接度最强、对景观控制作用最强的景观要素。作为背景，它控制和影响着生境斑块之间物质、能量交换，

强化和缓冲生境斑块的"岛屿化"效应；同时控制整个景观的连接度，从而影响斑块之间物种的迁移，成为物种在斑块间迁移的过渡区域。每一个基质必有一核心斑块和外向的廊道，首先核心原则是基质的核心斑块要具有很大的发展势和一定的稳定势；其次是聚散原则，就是以一定比例进行调配空间资源、物质能量的时候，更容易使规划以最快速度达到稳定并发展。对景观规划本身而言，就需要在设计开始前对地理环境进行考察，一般来说陆地景观中基质的异质性较水体景观要高，含有比较多的潜在入侵物种。例如，在农村地区，农民在田地里种植玉米、花生等农作物，形成了大面积的种植斑块，物种单一。但假如此后不再进行施肥、打药等人工干预措施，那么到了春季，斑块会很快被杂草等原有基质物种侵占，进而导致整个斑块的毁灭性破坏。因此像浣花溪公园中的万树山，此类斑块在营造时要注意两点：首先要选择使用的物种种类，处理好基质原有物种与引进物种之间物质与能量的分配关系；其次对物种的空间分布必要时应进行适当人工干预，阻止某一种或几种物种过度扩散，同时对珍稀濒危物种进行保护。

（2）景观异质性。

景观要素在景观中的不均匀分布导致了景观异质性。异质性首先体现在景观各斑块存在异质性，景观规划存在多个斑块时，各斑块的自然环境存在物种是有差异的。斑块不是以单独形式存在于景观中的，而是呈镶嵌结构在景观中出现的。不同类型的斑块间存在各种组合，并呈现随机、均匀或聚散格局。这些不同类型的斑块镶嵌在一起，相互间就形成一种有效的屏障，对扩散的干扰有重要影响。浣花溪公园中，万树山、沧浪湖、白鹭洲三个斑块的本底分别是陆地、湖泊和湿地，生态环境的不同决定了生物种类的差别，不同的生物种类对斑块的依赖性也不同。因此，即使某一个斑块出现自然或人为干扰，如虫害、采伐、不适当捕捞等，对其他斑块也不会造成太大影响，提高了公园的抗干扰能力。

（3）生物多样性理论。

生物多样性不仅是生物进化论概念，也是生物分布多样化的生物地理学概念，二者相关，且综合发展成景观生态学的理论原则。许多科学家一致认为，生物多样性对生态系统稳定性有积极影响。

近年来，规划设计领域更加注重根据植物的生物学特性和生态位原理进行植物配置。绿地系统中的植物配置，不仅要从功能和艺术效果上考虑色彩、季相、形体、姿态、声觉等多方面的变化和要求，更要从生态学出发，根据地理纬度与海拔高度所决定的植物地理分布以及生境的具体情况，选择合理的树种，适地适树，适时适树。按照生态学中营养结构愈复杂，生态系统愈稳定的法则，植物以多种混种为好。浣花溪公园在设计之初就遵循了这一原则，在保证物种多样性的基础上，多移种成都及其周边地区的野生树木，营造自然的野生环境，减少对自然本身的人为干扰，取得了良好的效果。在公园中，人们也可以发现，其植被层次非常分明，乔木、灌木、草坪各自独立，局部又相互交叉渗透。草坪也不是修剪得很整齐的足球场式草坪，而是选择不同的如三叶草、麦冬以及其他路边常见野草交替种植。水岸、堤坝、湿地的植物也选择适宜的植物种类，吸引其他动物（主要是鸟类）的到来。

2.2.2.2 成都市活水公园

（1）成都市活水公园简介。

成都市府河从 20 世纪 60 年代开始，水量明显减少。随着城市的快速发展，河流污染也越来越严重，河中生物几乎绝迹。人居环境的恶化极大地威胁着城市的建设和发展。

活水公园位于锦江府河南畔，1998 年建成，占地约 2.4 万 m^2，由国内外专家共同设计建造，其整体形状像一条鱼，寓意是人、水、自然互相依存，"鱼水难分"。

（2）景观生态学在活水公园中的应用。

①利用植物进行水质净化。

活水公园所展示的人工湿地系统的核心部分 —— 植物塘床系统，设置在公园的中部，是由 6 个植物塘和 12 个植物床组成的。

植物塘床系统提取黄龙寺"钙化盘"五彩池为景观元素，根据水质净化的生态工艺处理程序分层次栽种不同的净水植物。其中种有凤眼莲等浮水植物，芦苇、菖蒲等挺水植物，金鱼藻、黑藻等沉水植物，同时伴生有各种鱼类、昆虫和大量微生物，构成良性的湿地生态系统。大小不同的植物塘、植物床呈斑块状镶嵌于其中，构成人工湿地。植物塘床系统中各斑块的植物配置伴随着生境的不同，也进行相应的配置，各自组成了不同的小型生态群落，在大量吸收水体中营养物质的同时，能够减缓水流的速度，提高水体的含氧量，改善了其他物种的生存条件，从而净化了受污染的水体。污水流经这里经过沉淀吸附、氧化曝气、微生物分解等物理生物过程，大部分的有机污染物被分解为可被植物吸收的养料，污水变废为宝。

活水公园充分结合水体净化过程布置了雕塑、亲水平台、堤岸等多样性绿化模式，以便高效利用植物实现水体净化，实现景观与生态的统一。

②景观异质性和多样性。

活水公园景观多样性突出，从平面上看，有广场、步行道、植物群落等景观空间，赋予了不同的景观元素、造型和功能；从竖向上看，地上空间有树木、水车、茶室等，地面空间有地被植物、各种流水雕塑等；从材料上看，有植物、钢材、石材等；从形态上看，有线状的沿河步道、块状的毛石、竖向线状的钢架等。总之，景观异质性是衡量景观丰富性和功能多样化的主要指标，也是生物多样性的重要前提。

活水公园整体斑块围绕着被污染的水由"浊"变"清"、由"死"变"活"划分成不同的区域。在府河水的入水处，即厌氧沉淀区及其周边植物群落生境整体，模仿四川峨眉山植物自然生态群落。同时还依托水体净化工艺过程，相应地在人工湿地构建挺水植物群落、浮水植物群落和湿生植物群落等，营造出极具层次变化的景观环境，促进各类动植物生长，增加绿化和野生动物栖息地的面积。公园内营造富有地方特色的生态景观，丰富了生物多样性，增加了景观要素类型多样性，提高了空间分布的异质性和景观功能的异质性。

③遵循最小成本法则。

最小成本法则包括低投入、低维护和低排放，即分别采取相应措施降低建设成本、生命周期成本和环境影响成本，实现景观成本可控的生态理念。活水公园大量引种本土物种，可大大节约工程成本、降低生命周期成本，符合生态化最小成本理念。活水公园位于狭窄的沿河地段，具有变化丰富的地形，由此因势利导，布置厌氧沉淀池、人工湿地植物塘、床处理系统等一系列水体净化工艺和具有川西古建筑特点的吊脚楼以及水旁各式各样的景观小品等，实现了在净化水体的同时，与戏水亲水活动结合的景观营造。总之，充分利用这些要素，活水公园不仅实现了 $200 \text{ m}^2/\text{d}$ 从 V 类水到 Ⅲ 类水的净化，较低的投资和运行费用，并且成为成都市利用率最高的城市公园之一。

景观之美通过场地的设计原理、自然条件和文化内涵等要素的挖掘来实现，使景观设计对环境的影响最小，也是促进生态要素相互协调、实现生态系统自我调整和自维持的可持续方式。

④自然式植物配置。

植物在活水公园的应用不仅体现在水质净化的特殊功能上，还与一般公园一样，是公园必不可少的景观要素之一。活水公园中的植物，为市民营造了游赏和休闲健身的场所，是城市绿色基础设施的重要组成部分，更是城市生态系统的重要组成部分。基于可持续发展的思想，城市绿地应当更多地采用自然式，减少人工管理，延长更新周期。

活水公园大量引种了四川本地植物，其植物景观模仿川西自然植被群落建成。乔灌草、常绿与落叶的合理搭配，使得公园内生物多样性丰富，季相变化明显，具有稳定的结构层次。园内因地制宜，根据不同的地形特点塑造不同的植物景观。其中乔木层的建群种主要有香樟、水杉等。灌木种类较少，多为花灌木，展现灌丛群落景观。草本则多为鸢尾、肾蕨等当地野生植被。人工湿地植物景观则着眼于近景的营造，让人们可以欣赏植物的叶形等。同时根据植物自身特点，或片植或丛植，疏密有致，高低错落，俨然一派自然的气息。几十种植物以不同的姿态和色彩，相互映衬，如梯田般一层层向府河之滨蔓延过去。

不论是适生性强、生命周期长、绿量大的乡土植物，还是蒲苇、芦苇、鸢尾等适生性强的植物，基本不需要人工特殊管理。活水公园的自然式植物配置能够很大程度地节约水资源和人力资源，体现了生态城市理念。

⑤以府河为导向的景观格局。

景观生态学中的廊道是指不同于周围景观基质的线状或带状的景观要素，它的作用在于保证景观的连续性，分为线状廊道、带状廊道和河流廊道，是一种现代景观规划的重要策略。活水公园一个重要的景观特质就是以府河为依托和背景。滨河景观充分利用河道这一独特的生态廊道，把河流与场地内景观相呼应，融为一体。公园内塑造地形，营造跌水、喷泉、弯曲的溪流等水体景观。在滨水景观的处理上也因地制宜，例如，采用了草坡生态驳岸的形式，以草坪群落景观进行过渡，由河面、草地到路面，仿佛与府河水景融为一体，使人与水的关系呈现出多种变化。通过环教广场、沿河休闲设施和亲水平台等斑块景观的设置，使得景观格局依次展开。

2.3 城市园林美学及案例研究

2.3.1 城市美学本质

城市美学是一个很宽泛的概念，研究城市美学的内在本质和规律是进行城市美学创造的前提。一个城市的美，不仅仅表现为某一个或几个建筑的美，而是一个整体的观念，城市美学所涵盖的内容应该是综合建筑、城市、大地景观、人文环境等部门分支的美学。

城市美的实质是人的本质力量在城市中的对象化或外化。城市美学只是一种城市文化的社会现象，是作为人的审视对象的事物的一种社会属性。一切美学都和人类的生产活动有关，是人类社会活动的产物。从城市产生和发展的历史来看，城市本身就是人类社会生产劳动和社会实践的产物，是人类社会政治、经济、文化的载体，是人类在长期发展的过程中创造性社会活动和自然环境的融合。房龙认为："一切艺术，应该只有一个目的，就是克尽全职，为最高的艺术，生活的艺术，做出自身的贡献。"城市建设活动恰恰正是为"生活的艺术"而克尽全职，城市之于人的美学，往往反映在人对这个城市的生活态度中，城市美学的意义或许也就在此。

城市美学虽然涉及面很宽泛，由诸多因素影响和决定，但城市美学反映到城市实体上，并最终反映到人们的视觉和心理行为上还是表现出具体的形式和内容。人们日常对城市美做出评价或者讨论的时候，"城市形象""城市风貌""城市品位"等字眼总是很频繁出现，城市美学大体上反映在以下几个方面。

2.3.2　城市美学的基本特征

城市美的本质特征有技术美、功能美、复合美、多样美、流动美等。

（1）技术美。

澳大利亚悉尼的帆形歌剧院、美国芝加哥墨菲百货大楼、德国慕尼黑巴伐利亚汽车大厦等，这些驰名中外的建筑杰作，之所以成为人们审美的对象，关键就在于它们拥有先进的技术，就像米盖尔·杜夫海纳所说的"审美对象为了它的生产往往求助于技术手段"。

（2）功能美。

功能因素在某种意义上决定着技术装备与审美形式，脱离开功能的充分表达而搞浮夸的浪漫主义情调完全不符合城市美的要求。

（3）复合美。

城市是一个综合的有机存在系统，在这种综合系统中，各方面的协调一致呈现出城市的整体意义。城市美的存在也是这样，它往往不表现为单一美，而表现为整体的复合美，也就是说城市美的个性寓于共性之中，在共性之中呈现个性。

（4）多样性。

城市美不仅具有整体性，而且还具有多样性，也就是说在整体美内部还要求多样化的个性之美、特色之美，而应避免单纯化、死板化。

（5）流动美。

城市美的各种形式都不是静止的、固定不变的，而是时时刻刻都处在一种流动变化之中的，可以说城市美是一种流动美。城市的流动美包含着两层含义，一是时间上的流动，二是空间上的流动。当然二者本质上是统一的，任何空间上的流动都必然要呈现于时间的先后顺序之中，同样任何时间上的流动也必然体现于空间的运动形式之上。

2.3.3　城市艺术形象的审美

城市形象研究作为城市课题的重要组成部分，即是针对城市中可感知的物质形态元素及其内涵进行探讨的重要理论。城市形象是城市的物质文化和精神文化的表象反映，可以将城市形象定义为："城市中事物的表象特征和外部形态特点，包括了城市一切复杂多变的表象特征，以及透过这些表象所能感受到的特定精神内涵。"它所涵盖的内容相当广泛，既是代表着具体实在的物质文化内容，又是城市精神文化的反映。

将城市与艺术相联系，总是让人回忆起古典城市的面貌。在极其漫长的城市建设历程中，古典城市往往依赖于长期的自然生长形成城市格局和形象特征，不断变化的空间中利用了大量的雕塑作品和装饰细节展现出一幅幅生动的艺术画面，这与城市中建筑等形象元素的细部特征以及透过空间等外部形象所传递出的深层文化内涵密切相关。面对现代城市的建设，虽然与古典城市相比具有更为快速和多元的特点，但仍然可以反映出某种艺术潜质。人类的审美取向在长期演进过程中也产生了较大的变化，从欣赏古典写实风格逐渐向整体与局部和局部与局部之间的关系以及不同形象元素特征进行的协调处理和艺术创造，并以此建立起城市特有的形象体系和审美感受。

2.3.4　城市美学与城市特色

现在所谓的美学，原来就是关于感性认识的科学。美学发源于哲学，哲学的重心是知识论，那么研究美学问题也就避不开知识论，沿着知识论探讨，问题就变成了：如何感知宇宙事物的存在。朱光潜先生总结出对于同一事物有三种不同的方式去感知它，由浅入深分别是直觉（intuition）、知觉（perception）、概念（conception）。从美学角度来看城市特色，就是感性地认识一座城市，除了城市的表面外，更多的还是深入了解城市的文化内涵和历史积淀。从美学角度出发，由深入浅，从直觉到知觉再到概念，剖析城市特色缺失的原因以及未来城市规划的发展趋势。

直觉上城市特色即为城市个性，是其区别于其他城市的基础。在对城市的第一印象即直觉的基础上，去知觉它。城市特色是一个城市在历史发展过程中由自然环境和地理条件等固有因素和政治、经济、文化等人文因素综合形成的，最后形成概念，即城市特色是对城市总体形象的直观表现，是该城市区别于其他城市的特征。城市特色具体体现在城市文化、城市符号、城市类型等方面。

城市特色在很大程度上是通过城市建筑、构筑物来传达的。建筑、景观、道路甚至路边的广告牌作为城市的符号，能够用其鲜明而夸张的语言表达城市的文化追求与时尚特征。虽然一些符号已经失去了功能价值，但是它们仍然是地域性建筑文化及城市特色的代表。

2.3.5　园林美学与哲学美学

园林美学的理论核心是美学，是关于园林学价值观的基础理论，它提供了园林学研究和实践的哲学基础。从美学研究的角度，对于美是什么的言说主要基于三个维度：理念（形而上根据）、形式（客观事物）、快感（主体心理）。在某种意义上，这三个维度预构了美学展开的三个基本研究领域以及自我批判的基本立场，园林美学的研究也不外乎此。

美学学科研究具有很强的哲学研究传统，哲学美学经历了本体论到认识论再到存在价值论的转变。哲学基础的根本性转变对园林美学研究对象的讨论和学科发展具有重要启示。古典哲学中美的本体追问预设了一种美的本体存在，如柏拉图的"美是理式"，黑格尔的"美是理念的感性显现"等观点。

哲学美学的本体论向认识论转变，转向如何认识美的问题，注重形而下的美感心理描述。笛卡尔的"我思故我在的"论断和理性主义思想开启近代哲学和科学，产生主客二元认知范式。认知论美学突出了人主体在审美中的作用，研究采用科学分析式思维模式，以获取关于美的知识为目标。标志性的研究是费希纳主张的心理学与美学的结合，尝试通过测量人的心理和特征的实证方式阐释美产生的原因。

对于美学研究的转变对园林美学的启示问题需要进一步说明：一是由于园林审美现象的综合性和复杂性，从研究自身难以上升到研究对象问题的理论探讨；二是在学科报告中强调了美学理论核心和对美学与价值观的论述，表现出园林学科对形而上学的理论需求是美学无论是作为古老的哲学理论学科，还是一级学科哲学分支的二级学科，在学科理论发展和建设上都能为定位于园林历史与理论学科下的园林美学提供重要经验。当然，美学学科发展过程中呈现出理论批判和自我批判一种动态、变化的特征，对于景观审美方面而言更要注重根本范式转变的影响。哲学美学基础观点转变中，核心关注的是美学研究对象落脚于审美活动过程的历史逻辑的统一，以此启示我们反思以往认识论哲学为基础的园林美学研究，思考园林美学基本研究对象。

2.3.6 绿荫里的红飘带——秦皇岛汤河公园

秦皇岛是我国北方著名的滨海旅游城市，汤河位于秦皇岛市区西部，因其上游有汤泉而得名。本项目位于海港区西北，汤河的下游河段两岸，北起北环路海阳桥、南至黄河道港城大街桥，该段长约 1 km，设计范围总面积约 20 hm^2。汤河为典型的山溪性河流，源短流急，场地的下游有一防潮蓄水闸，建于 20 世纪 60～70 年代，拦蓄上游来水并向市区水厂供水，高水位时又能及时宣泄洪水，所以本设计河段水位标高较为稳定。

2.3.6.1 保护和完善一个蓝色和绿色基底

严格保护原有水域和湿地，严格保护现有植被；设计要求工程中不砍一棵树；避免河道的硬化，保持原河道的自然形态，对局部塌方河岸，采用生物护堤措施；在此基础上丰富乡土物种，包括增加水生和湿生植物，形成一个乡土植被的绿色基地。

2.3.6.2 建立连续的自行车和步行系统

沿河两岸都有自行车道和步行道，并与城市道路系统相联系，使本区成为城市居民安全可达性都很好的场所。木栈道或穿越林中、或跨越湿地，使得公园成为漫步者的天堂。

2.3.6.3 一条红飘带

这是一个绵延于东岸林中的线性景观元素，具有多种功能：它与木栈道结合，可以作为座椅；与灯光结合，成为照明设施；与种植台结合，成为植物标本展示廊；与解说系统结合，成为科普展示廊；与标识系统相结合，成为一条指示线。它由钢板构成，曲折蜿蜒，因地形和树木的存在而发生宽度和线形的变化；中国红的色彩，点亮幽暗的河谷林地。

2.3.6.4 五个节点

沿红飘带，分布五个节点，分别以五种草为主题。每个节点都有一个如"云"

的天棚，五个节点分五种颜色。网架上局部遮挡，有虚实变化，具有遮荫、挡雨的功能，随着光线的变化，地上的投影也随之改变。夜间整个棚架发出点点星光，创造出一种温馨的童话氛围；斜柱如林木；地上铺装呼应天棚的投影；在这天与地之间是人的活动和休息空间和专类植物的展示空间。乡土的狼尾草、须芒草、大油芒、芦苇、白茅是每个节点的主导植物。

2.3.6.5 两个专类植物园区

（1）宿根植物展示区。

宿根植物展示区总面积约为 7 700 m^2，在东岸北侧原堆料场。通过宿根花卉的不同色彩，构成白色、蓝紫色、橙黄色和红粉色四个花园，周边包围着茂密的树林，营造宜人的氛围。区域内除了展示宿根花卉外，还利用场地内原有料厂的建筑基底，设置茶室和景区服务中心，提供多样服务，同时沿道路设置自然主题的荫棚和花架。人们在品茶休憩的同时得到更多的视觉享受，了解到更多的植物知识。

（2）草本植物园。

草本植物园总面积约为 4 300 m^2，位于场地西岸的北端，与宿根植物园隔河相望，植物园保留了场地原有建筑基底的平面和肌理，在其基础上加以丰富，用于展示乡土草本植物，主要是禾本科和莎草科的植物。根据原有场地带状肌理，在以白砂为基底的场地上，种植草块及成排的乔木 —— 柿树、白蜡，给场地带来明显的季节特色，形成许多灵活宜人的小空间。场地周边保留了大量杨林、槐林，适当补植同种植物，以达到林木繁茂的景观效果。在植物园内还设置了休憩的茶座，供人们赏花观草、品茶休憩。

2.3.6.6 旧建筑和构筑物的保留和利用

园中包括专类植物园区内利用料厂的建筑基底建筑茶室和接待中心；西岸水塔的保留和利用作观景塔；泵房的改造利用，以作为环境艺术元素；灌渠的利用而成为线形的种植台；防洪丁坝的保留和利用而成为植物的种植台。这些构筑物及其遗址的保留和利用，为公园增添了多种韵味。

2.3.6.7 一个解说系统

解说系统由23组解说点构成，采用统一的形式分布于东西两岸，与栈道和各个平台相结合，用于向人们展示讲解自然和场地知识，使人们在亲近大自然的同时对自然有更深入的了解，起到科普与启智的作用。

本设计强调对原有自然河道和植被的尊重，哪怕是最野的本地草木，也是值得保护和利用的；对历史遗迹，哪怕是最寻常的、被认为是破旧的农业或工业建筑和曾经的水利设施，都应该作为场地的历史，给以认真的研究和善待，用它们来丰富场地的故事；在此基础上，叠加新的设计，那应该是当代人的，反映当代生活和审美情趣的。

在城市和自然之间、人和生物之间、历史与现代之间建立一种界面，这种界面便体现为一种设计的景观，值得大家深入研究与品味其美学价值与艺术精神。

2.4 城市文化美学及案例研究

2.4.1 城市文化的定义

对城市文化的定义，目前学界尚未有统一的说法。学者郑卫民认为"城市文化，简单地说，是人们在城市中创造的物质和精神财富的总和，是城市人群生存状况、行为方式、精神特征及城市风貌的总体形态"。

2.4.2 保护城市文化的时代意义

文化遗产积淀和凝聚着深厚丰富的文化内涵，成为反映人类过去生存状态、人类的创造力以及人与环境关系的有力物证，成为城市文明的纪念碑。无法复制的特征又使它们具有不可再生的唯一性特征，同时也赋予它们一种难得的文化价值，这种文化价值可以转化为宝贵的文化资源，对现代城市精神生活产生多方面的积极影响。文化遗产的这种双重性质向我们提出了严肃的课题：它们的不可再生性要求我们必须对其进行妥善而有效的保护，它们的文化价值又要求我们积极而合理地加以利用，为现实的生存和发展服务。实践已经证明并将继续证明，对于文化遗产来说，继承是最好的保护，发展是最深刻的弘扬。

文化是人类社会发展的必要组成部分，它是民族身份的外在符号显现，也是推动社会创新创意的根源，同样也是建设和谐社会、团结社会凝聚力、繁荣社会经济的重要工具。在现阶段如此快速和大规模的文化全球化浪潮中，文化也愈加成为城市竞争中不可替代的部分，城市文化不仅是城市历史底蕴的外在表现，而且更彰显城市内核文化精神。以知识驱动为核心形成的文化创意产业已经成为城市转型发展的强大引擎，城市文化创新则成为推动地区、国家和全球经济发展的有力单元力量。

我国文化创新政策的出台和越来越多的城市文化创意实践表明，城市借助文化创新进一步推动城市文化品牌建设，只有通过系统化的文化创新来塑造特有的城市文化内涵，形成独树一帜的城市文化景观，才能在激烈的城市竞争中脱颖而出。基于此，芝加哥学派特里·克拉克教授所提出的文化场景理论为城市文化创新研究提供了良好的系统分析方法，它的构建及应用能够为当前我国城市文化面临重复建设、浪费建设以及低质量建设等发展问题提供创新思考，从而进一步助推我国城市文化创意的培育，为城市转型提供文化内核力。

2.4.3　城市文化的发展历史

我国具有五千多年的文明发展历史，各族人民同舟共济、紧密团结、自强不息，在祖国大地上共同创造了源远流长、博大精深的中华文化和辉煌的城市文化。我们的城市展示着自己的文化光辉，屹立于世界城市之林，成为中华民族的骄傲和我国城市的独有本色。我国的城市文化是在自己的土地上成长起来的，它的生长过程不可避免地要遭受风风雨雨、起起落落。尽管历史上的自然灾害、朝代更替、外患侵略等，致使城市文化遭受到局部冲击、破坏、毁灭的命运，但并没有摧毁文化思想的传承和全部文化成就，仍然保留了大量的历史文化遗产（名城、名镇、名村、历史街区、历史建筑、风景名胜、传统园林、名府名宅、文化遗址和文物古迹），革命和纪念性场所，以及别具一格的城市形态特征和山水景观。

2.4.4　城市文化的案例

2.4.4.1　西安地铁与城市文化案例

2011 年 9 月 16 日，西安地铁二号线开通运营，这是西安开通运营的首条地铁线路，也是我国西北地区首条地铁线路。自此，西安城市文化开始以地铁为媒介，建立新的传播模式，开启新的传播实践。西安作为中国历史文化名城，在西安地铁诞生之初就确立了以西安"历史""文化"为特色的传播理念。西安地铁也与西安城市形象相互影响，相辅相成。

（1）地铁设施设计、装饰与城市文化融合方面。

①地铁出入口设计。西安地铁二号线城市运动公园等站点出入口采用了砖墙、圆顶等地方建筑元素；凤栖原等站点出入口则采用了斗拱、传统纹饰、木架构等有历史特点的设计元素；行政中心站出入口则采用了中式仿古瓦面屋顶以及挑檐的设计。

②地铁站大厅和站台的设计。西安地铁建筑大量采用了传统文化符号和地域文化特征，例如，北客站以汉代文化为背景，候车大厅模仿中国古代建筑中的房

梁叠加的建筑形式，柱子则以古代礼器常见纹饰作为装饰，整个建筑十分大气，既符合西安曾经是汉代都城的城市文化身份，又兼具西安"雄浑"的城市文化气质。大明宫西站则以唐代著名的含元殿为背景，屋顶采用仿唐式设计，营造出一种古今交融之感，与本站唐代大明宫遗址公园的设计理念相辅相成，也充分体现了西安"大唐文化之都"的城市特色。

③地铁城市文化墙设计。西安地铁二号线大部分站点都设计了具有站点特色的文化墙。例如，永宁门站文化墙以一幅大气恢宏的古代迎宾浮雕作为主体，精细展现了古代迎宾仪仗的礼制以及宏大的场面。永宁门作为西安古城墙的正门，自古以来就是迎接八方来宾的标志性场所，至今每当有外国元首政要到访西安时仍会安排参加永宁门入城礼，代表着西安市民欢迎八方来客。安远门作为古代出征之地，文化墙描绘的则是旌旗飘扬。

④地铁站外引导立柱和站标设计。西安地铁大量采用给人以稳重厚实之感的深蓝色，与西安的城市特点与城市文化相呼应，站外引导立柱上还设计了回纹等传统纹样，寓意连绵不绝、吉祥永长。在站标上，西安地铁采用了每站一标的特殊设计，每个站点都有极具自身特色的特殊标志。例如，南稍门站站标为西安著名古迹小雁塔，站标在传递文化信息的同时也提示旅客，这里是名胜古迹小雁塔的所在地。永宁门的站标是永宁门城墙上闸楼和吊桥的剪影，鲜明的永宁门特色让人一看便知西安古城墙的正门到了。北苑站则以唐代皇家园林为站标，提示人们这里曾是古代著名的皇家园林，北客站、北大街、小寨等站点，则以所在地的著名地标建筑作为站标，彰显城市特色。

（2）地铁文化传播内容与方式方面。

总体来讲，近年来西安地铁文化传播均以西安城市历史文化、党建为主要内容，以大众传播为主要方式，充分利用地铁资源与媒介开展城市文化传播。从文化传播渠道上来讲，西安地铁的城市文化传播渠道是多样的，其中既包括传统的印刷媒介、广播媒介、电视媒介，还包括主题列车等多种形式。

①印刷品等媒介方面。比较有代表性的有西安地铁与西安碑林博物馆联名推出的"昭陵六骏"系列日票。票卡采用盛唐昭陵六骏叠加西安钟鼓楼、大雁塔、小雁塔、城墙等文化地标，独特的设计展现出了西安的历史与现代风貌，兼具实用性的同时还具有一定的收藏价值，引起不少出行者的追捧。

②广播媒介方面。西安地铁也曾利用广播媒介开展城市文化传播尝试。例如，2021年西安地铁开展"乘坐西安地铁，聆听西安故事"系列活动。西安故事系

列广播在五号线青龙寺、九号线华清池等 12 座车站以中英文双语形式播放，根据车站所处位置、历史典故不同，每个站点广播不同内容。除了在车站可以聆听历史故事之外，站台显著位置还张贴有配套设计的海报和二维码，以便旅客在候车之余随时扫码聆听，人声特有的质感和身临其境相结合，让旅客更容易产生一种穿越时空之感。

③电视媒介方面。在文化传播方面，西安地铁电视与西安城市文化深度融合，节目内容主要包括西安地铁安检、防疫、法律法规类主题栏目，例如，安检动画、西安轨道交通条例系列宣传；西安本地政务服务类栏目，例如，西安市政府信访举报制度与流程的宣传、西安市政务服务信息变更的公示等；西安城市公益宣传栏目，例如，"西安因你而美丽"文明传递、让 AI 畅行系列推介活动、城市垃圾分类、勤俭节约、环保、未成年人保护、文明交通、扶贫等系列公益节目；本地生活服务类栏目，例如，本地旅游信息、招牌栏目"隧娃报新闻"等。

④利用地铁站内空间开展公益教育培训活动。西安地铁曾与西安市应急管理局、交通运输局、消防救援支队、公安局等各单位联动在地铁四号线北客站站建立"安全出行科普教育基地"。整个基地占地面积约 500 m²，展馆设置地铁安全出行、应急疏散逃生、安保反恐科普、消防安全体验等多个区域，利用 VR 互动、幻景成像等技术让乘客在体验过程中掌握应急安全知识，基地的启用也为西安地铁智能培训和西安市的安全管理提供了有力的文化和培训支撑。

2.4.4.2　温州都市报打造城市文脉传播矩阵的实践与探索

（1）从一个文史微信公众号到城市文脉矩阵。

城市是市民文化的主要载体与沉淀池，街区是城市最主要的公共空间，也是历史的凝聚和象征。历史街区蕴含着深厚的文化资源，是文化传播与展示的"流量端口"，而街区改造则是文化成果展示的最好时机。

新媒体是传播历史文化的重要工具，其表达形式更有利于传播和展示。借助新媒体技术，历史文化传播渠道更宽广，城市文化的多元性、个性化将会有更丰富的呈现。

2018 年 6 月，在温州持续推进历史文化街区保护建设期间，温州都市报推出微信公众号"温州三十六坊"，打造一个传播温州古城历史文化、辐射温州全域的文史内容发布平台。北宋时，温州知州杨蟠曾将温州城规划为三十六坊，并写下诗句"三十六坊月，一般今夜圆"，微信公众号因此得名。公众号一上线便引发社会各界关注，设"斗城春秋""儒英云集""雁池问讯"三大系列栏目，下设若干子栏目。历史活在当下，文史的生命在于传播。有人在这里看到了温州文化之美，有人在这里读懂了文化传承的精髓。

（2）文脉的新媒体传播矩阵。

这场"文史传播热"的背后，是温州人对传统文化的热爱，也是不断增强的文化自信所带来的变化。2022 年，第十三次党代会温州市提出了"千年商港、幸福温州"的城市新定位，挖掘"千年文脉"的深厚底蕴，把温州打造成为文源深、文脉广、文气盛的城市。

2.4.5 小结

人类有意识地作用于自然界和社会的活动成果都属于文化的范畴。文化是人类在社会历史发展过程中所创造的物质财富和精神财富的总和。城市是国家或地区经济社会发展的中心和文化的集中体现。城市本身就是一种文化。城市在其形成和发展过程中，又缔造了自己的城市文化，成为人类文化的重要组成部分和其中最积极、最辉煌、最具有创造力的成分以及智慧的结晶，是人类在大地上所创造的文化的高级表达或者说最高形式。从这个意义上来看，城市文化是人类社会文化发展的突出代表具有至关重要的地位与作用。

当今时代，随着社会生产力的发达和科技进步、城市经济实力不断增强，物质生活有了很大提高和改善。人们的精神生活追求和欲望随之越来越强烈，希望物质文明和精神文明相辅相成，把城市发展建设成为自己美好的家园。于是，城市文化的地位与作用越来越引人注目，越来越成为一个地区自信力、凝聚力和创造力的重要源泉，成为城市竞争力的重要因素，成为城市人民期待、追求和努力去营造的美好愿望，成为城市科学发展的精神支柱和强大内在力量。未来城市可持续发展的竞争，不仅仅是经济社会发展实力的竞争，更重要的是城市生态环境和文化实力的竞争。

2.5 城市创意经济美学及案例研究

创意经济通常包括时尚设计、电影录像等，自从 1998 年英国政府提出创意设计的概念以来，发达国家各地区提出了以创意为基础的经济发展模式，发展创意产业已被发达国家或地区提到了发展的战略层面，与此同时西方理论界也掀起了一股研究创意经济的热潮，从研究创意本身延伸到以创意为核心的产业组织和生产活动，即"创意产业""创意资本"，又拓展到以创意为基本动力的经济形态和社会组织，即"创意经济"。

2.5.1　创意经济的崛起与启示

2.5.1.1　创意经济的产生

"创意"是人类在多种认识方式，各种技术、手段与方法综合作用的基础上产生的创造性思维的产物，人们对其作用的认识始于熊彼特的创新理论。1912年，熊彼特就明确指出，现代经济发展的根本动力不是资本和劳动力，而是创新。1986年，罗默指出，新创意会衍生出无穷的新产品、新市场和创造财富的新机会，所以，创意才是推动一国经济增长的原动力。1997年，英国设立创意产业小组指出，谁能控制"创意权"，谁就能站在全球化产业链的顶点。随后，日本、韩国、新加坡等国纷纷推出创意兴国的计划……在全球化的消费社会背景中，在现代化市场竞争日趋激烈和人们消费需求不断升级的情况下，一种主要依靠个人创意、技巧及才华来创造财富和就业潜力的新型经济形态产生了 —— 这就是创意经济。英国学者约翰·霍金斯在《创意经济》中指出，全世界创意经济现在每天创造 220 亿美元的产值，并以 5% 的年增长速度递增。在国内，创意产业的萌芽出现于 2002 年。2004 年，于光远领导下的中国太平洋学会首次提出了"创意经济"这一概念，并喊出了"从中国制造到中国创造"的口号。随后，深圳、北京、上海、成都等地培育了一批具有里程碑意义的创意产业基地。

2.5.1.2　创意经济的内涵

从经济形态的角度看，创意经济可以理解为在知识经济高度发达的新阶段，以人的创造力即创意为核心，以知识产权保护为平台，以现代科技为手段，并把创意物化，形成高文化附加值和高科技含量的产品和服务，在市场经济条件下进行生产、分配、交换和消费，以提升经济竞争力和提高生活质量为发展方向的新型经济形态。作为与农业经济、工业经济、服务经济不同的经济形态，创意经济的内涵主要包括以下几个方面。

（1）创意经济强调文化艺术创造性对经济的推动作用，创意资源成为经济增长的关键要素。

（2）创意经济的核心要素是人的创造力，即创意，它能使人类的整体潜能得到更为充分的发挥。

（3）创新型经济知识产权的占有和交易构成创意经济的实质。

（4）创意经济的核心问题是如何对创意进行市场化综合定价。

（5）创意经济的动力是文化艺术创新，它极大地提升了产品的边际效用和附加值。

（6）创意经济的表现形式是创意产业，创意产业化和产业创意化凸显了创意经济的财富增长效应和就业效应。

2.5.1.3　创意经济的启示

创意经济的产生与发展对其他产业的发展留下了众多启示。第一，创意逐渐成为一种重要的生产要素，甚至超越土地、货币等传统生产要素，应引起作为知识经济组成部分的相关产业的重视。第二，创意人才逐渐独立于服务人员、技术人员，形成新的阶层——创意阶层，成为当今社会人力资源中的高级人才，各行各业都应重视创意人才的培养。第三，创意将文化、艺术、科技、情感等要素融入传统产业，可以促进业态创新、提高产品附加值、推进产业升级。各行业都有必要也有可能利用创意成果，发展成为创意型产业。第四，文化、科技与创意的互动，是创意经济聚合能力的基础，因此，区域经济发展中必须重视文化资源的挖掘、整理，以及科技手段的推广和引用。第五，创意经济具有强大的需求创造力和引导力、要素资源整合与黏合力、产业渗透与扩张力，能够推动资源配置方式的演进和财富的快速增长。

2.5.1.4　案例：创意经济下的星光公园开发

创意旅游，就是创意产业和旅游产业的融合发展，是旅游发展的一种新的模式。这是利用创意产业的思维方式和创造模式整合旅游资源，创新旅游产品，打造并延长旅游产业链。它并不是对现有的旅游产品进行重新分类或是单纯的一种新型旅游产业，而是在于强调对于传统旅游发展模式的创新和改造，重塑旅游产业体系，形成一种适应现代社会经济发展转型要求的全新旅游发展模式。创意旅游是全球跨入知识经济时代，旅游业适应市场需求新变化的必然选择。旅游经济是典型的"玩经济"，在这种弱导向驱使下，是否有创意，是否好玩，是旅游产品创新成功与否的关键因素。

湖北省通山县围绕九宫山的星光旅游资源"做文章"，打造成全国首座星光之城。九宫山海拔 1 546 m，是国家 4A 级景区，景区内植被茂密、空气质量佳、能见度高，有适宜观星的视野和环境。据景区负责人透露，景区即将启动星光公园一期工程，分为星光体验区、天文观测区和露营服务区，并会逐步改进山顶照明，增设天文望远镜等观星设备，建立天文观测点，还将开辟露营观星场地、加开夜间观星巴士，把九宫山打造成华中乃至全国著名的星光主题公园和天文观测基地。

星光公园的设计是目前国际上非常具有前瞻性的环保行为，与国外星光公园仅仅是一个荒无人烟的区域不同，九宫山海拔高，旅游资源丰富，发展旅游的历史悠久，旅游配套设施齐全，在全国的旅游景区中享有很高的知名度，具有开发星光旅游的得天独厚的优势。从星光公园的建设目标和功能布局来看，它是典型的创意主题公园，属于创意产业的范畴，是典型的旅游创意产业，不仅在湖北省、华中地区的旅游创意产业中占有领先地位，就是在全国的旅游创意产业中也将起到很好的示范作用。

准确的品牌定位是旅游景区成功的重要保障，景区品牌定位是根据旅游景区的竞争状况和产品优势确定旅游景区产品在目标市场上的竞争优势，其目的在于创造鲜明的个性和树立独特的形象，最终赢得游客市场。根据游客的需求和动机进行品牌定位，通过传播塑造品牌形象，游客的需求得到满足，以此形成旅游营销主体的竞争优势，从而使游客选择自己的旅游景区产品。

2.5.2 品牌设计策略

2.5.2.1 品牌设计的内容

景区旅游品牌的设计不同于"标志－文字－口号"式的平面设计，而是一个复杂的系统，成功的景区旅游品牌设计至少包含以下四个方面的内容。

（1）积极导入"CIS"（企业视觉识别系统）战略。为景区设计鲜明、简洁有创意的标志和经营口号，并通过指导景区企业行动来体现企业的经营理念和价值取向。

（2）品牌构思应突出旅游景区产品和服务的个性，以形成独特的卖点，从而提升旅游者的满意度。

（3）策划一系列营销推广和社会公益活动，不断加深社会公众对旅游景区的良好印象。

（4）制定措施努力提高景区员工的整体素质和产品及服务的质量，使旅游景区品牌不断得到优化和提升。

2.5.2.2 案例：重庆李子坝车站景观

重庆因地理环境而形成的各种独特交通网络，列车穿楼就是最早火爆互联网的景点之一。重庆轨道交通二号线李子坝站是一个跨座式单轨交通的普通侧式车站，也是中国第一座轨道交通车站与商住楼共建共存的特殊建筑体，占地面积3 100 m²（19层的建筑面积6 000 m²），车站位于6~8楼，月台有效长度120 m，可容纳8辆编组列车运行；下层建筑是商铺，上层建筑是住宅，车站与居民建筑相分离，胶轮列车所产生的振动和噪声基本上不影响居民生活。

李子坝站成为网红景点，对重庆人来讲有些意外。出门爬坡上坎，公共交通过江架桥，遇山穿洞都是日常生活中司空见惯的交通景观，却没有想到会成为外地游客必到的打卡景观。对大多数中国人来说，重庆独特的交通景观，如过江索道都令游客趋之若鹜，两江环抱的山城地貌构成重庆立体的交通系统，李子坝站的列车穿楼景观确是世界罕见，因此，它成为网红景点并不奇怪。

当城市管理部门意识到网红景点是推动城市旅游的新契机时，很快就采取措施来响应游客的热情。渝中区政府对李子坝站周边环境进行整改，新建李子坝观景台。当游客纷纷前来观赏列车穿楼，岩雕壁画《岩之魂》也开始吸引了大家的目光，它最早被建设方（轨道交通公司）称为艺术墙，移交维护管理方（渝中区城管局）被称为文化墙，许多媒体则称之为浮雕墙。历经多年日晒雨淋和山体渗水的影响，壁画表面瓷砖已暗淡无光，局部出现脱落现象，为改善游客观赏体验，渝中区城管局再次启动文化墙容貌整治工程，对李子坝站周围景观进行外立面改造，包括山体绿化、住宅装饰、灯光工程。庆幸的是渝中区城管局邀请80岁高龄的江碧波主持修复岩雕壁画《岩之魂》，采用三道涂刷工艺对褪色瓷砖表面重新涂料，不仅保留了景观原貌，而且焕然一新。

事实上，任何一个文学或艺术作品，总有一定创造性，精妙的构思、独到的修辞、深刻的见解，《岩之魂》融合壁画和雕塑的技法，其艺术形式的创新是值得肯定的要素。如何鉴赏和解读《岩之魂》？从游客或居民的视角来观赏，一个独特的交通景观在互联网的时代成为网红景点，转变为城市旅游景点，再进一步演绎为城市文化景观，在这个立体空间场景中，交通的技术与艺术融为一体，既为大众提供了列车穿楼的独特视觉观赏性，巨大的岩雕壁画也展示这座城市人民追求美好生活的愿景，品味《岩之魂》的赋辞，才能在追溯重庆在中华民族危难观点的精神堡垒作用，以及勇于在改革开放中争当先锋的志向，这里将成为探索重庆连接世界的时空隧道起点。

第3章　公园城市绿地规划的功能及案例研究

3.1　生态防护功能及案例

随着我国社会与经济的快速发展，人民对于城市人居环境的要求不断提高。公园城市绿地系统是解决城市生态问题、优化城市绿地格局、改善人民居住环境的重要手段，公园城市绿地系统与"公园城市"期望构建山水湖田林城高度和谐统一城市形态的理念相契合。因此，在公园城市理念下对公园城市绿地的生态防护功能系统规划展开研究十分必要。本章以2018年海淀公园绿地实地调研数据、北京市总体规划、北京市修测地形图、2018年北京市海淀区数字正射影像为主要数据来源；以城市绿地分类标准、城市绿地规划标准等规范法规为规划依据；采用文献综述法、实地调研法、案例分析法、实例论证法等研究方法，在公园城市理念下以北京市绿地系统为实例进行了较为完整的分析与规划。

3.1.1　海淀公园基本情况

3.1.1.1　地理位置与基本情况

海淀公园位于京城西北四环的万泉河桥畔，与皇家园林颐和园相邻，其所在的西郊一带自古多泉多溪。海淀公园是在昔日皇家园林遗址上建立起来的，地跨畅春园、泉宗庙、西花园，在风格上继承了畅春园的自然雅淡。海淀公园主要景点包括讨源书声、万泉漱玉、丹棱晴波、双桥诗韵、御稻流香、古亭观稼、仙人承露、淀园花谷、中心草坪、露天剧场等。游乐服务设施建有儿童乐园、足球场、网球场等。公园始建于2003年，同年对社会开放，是北京市重点公园、精品公园。公园功能齐备，设有儿童乐园及足球场、网球场等经营性场所。

3.1.1.2　景观特点

海淀公园建成之初就以开放式可踩踏草坪为游客提供自由的绿地感受而在京

城诸多的城市公园中独树一帜。在设计上结合了海淀区历史与时代两种特征，充分体现了人文历史与现代园林景观、游览观赏与集会娱乐的完美结合。公园种有雪松、油松、银杏、白蜡、碧桃等 75 种共 60 余万株的景观植物，为游客营造出四时景观皆有不同的园林美景。公园建有淀园花谷、讨源书声、御稻流香、丹棱晴波等景区，使游客在不同的景区内感受到或清新、或开阔、或幽静、或自由的不同心境。

公园水体面积 3.3 hm²，水系自西南至东北贯穿全园，东岸的浮萍剧场、西边的御诗桥、北岸的亲水平台点缀湖边，四季景色各有不同。"淀园花谷"景区是公园植物花色品种最丰富的地方，沿着蜿蜒曲折的石板小路，进入一片繁花的世界，每年都有上百种花卉品种在这里展示。"丹棱晴波"景区叠石飞瀑、木桥曲游，加上风中伫立的大水车，形成一幅美丽的江南水乡画面。

3.1.1.3 北京海淀公园设计背景

北京海淀公园的西北部是以颐和园为主的皇家园林遗址，从园区中可观万寿山、佛香阁、西山、玉泉山的景色。公园的东、南两侧是海淀城市干道，大厦高楼林立，毗邻中关村科技园中心，北部有海淀展览馆，东北部则是北京大学。同时公园前身为万泉庄、柳浪庄，地跨畅春园、西花园、泉宗庙，历史资源丰富。这样的场地背景给予了海淀公园充实的文化资源，同时也给处于历史风貌区与现代建筑群之间的海淀公园带来了复杂的设计环境。北京海淀公园的建设要满足海淀居民休闲、娱乐、集会等功能需求，并体现海淀特色的城市文化休闲公园。因公园的服务主体为海淀居民，周边居民又以高等学府的学生为主，这种游人特点给公园设计带来了体现更深层次文化的要求。

3.1.1.4 北京海淀公园现状简析

北京海淀公园因海淀独有的历史文脉和时代特征，具有得天独厚的地域资源优势。公园在整体规划方面，注重利用场地水域、植被以及周边环境等资源，趋利避害，对公园本身的功能和空间进行了合理的划分。公园延续了园内及周边的历史文脉，设计了如丹棱晴波、御稻流香、古亭观稼等具有传统文化底蕴的景点，同时设置了露天剧场、儿童乐园等现代功能性设施，使传统与现代在一定程度上实现结合。在植物配置方面，园内选种了大量合欢、银杏、千头椿等体现园址历史特色的景观植物，配合中心草坪、稻田景区等特色生态景观，充分展示了人与自然的和谐相处。

3.1.2　以共生思想分析北京海淀公园

3.1.2.1　传统与现代的共生

北京海淀公园处于一个传统文化和现代因素交织的复杂设计环境中，海淀公园的设计是如何应对这种复杂环境的呢？首先从传统因素来说，以公园特色景点古亭稼轩为例，这是一处以稻田环绕观稼亭，并结合木质栈道所组成的景观。观稼亭以稻草附顶，颇具古意，作为游人休憩场所，视野开阔，可尽览稻田风光。木质栈道的设计可圈可点，其护栏木桩上缠绕麻绳，虽为形式之用，但却巧妙隐喻了水田岸边之境。同时栈道曲折多变，却是考虑到游人路线与稻田之景的相互关系所设计。这处景观是借用乾隆举办观稼诗会的典故，同时为了宣传"以农业为基础"的思想所设计的意境式景观。这里对传统文化采用的是借用的手法，借用古亭、稻田、栈道及历史典故来营造具有传统氛围的景观。其次从现代因素的角度来看，除去作为城市公园所具备的现代基础设施外，在整体规划上，北京海淀公园园内的现代区域主要位于东南角的公园管理处、体育中心，西部的儿童乐园，北部的海淀公共安全馆。这些现代公共区域在园区规划上，都处于较为偏僻的位置，多采用树木遮蔽或栏杆隔离的方式，在空间上无法和园内传统景观产生交流，其本身设计也是从自身功能性角度出发，和公园主景的设计方向缺少相关性。而在对待公园东侧的现代建筑群，则是采用树木遮蔽的简单处理。由此可见，海淀公园对于传统和现代因素，是采用分开处理的手法，对传统因素进行借用营造主景，而对现代因素则进行规避。

3.1.2.2　整体与部分的共生

经过考察，可以发现北京海淀公园在设计之初，重视从整体角度观察历史文脉。海淀公园园址是处于西山背景下，起到整合、连接城市孤立画面的特殊位置。海淀公园景观的设计特点正是从这个角度出发，产生设计方案的构思主线。在表现景观设计特点的基础上，海淀公园形成由北向南，展览集会的大空间向园林小空间自然过渡的总体布局，并在公园公共绿地空间结构布局中把握整体性原则，使绿地面积合理划分，穿插在公园主景间的过渡区域。同时将城市整体风格体现于作为组成部分的园林中。海淀公园在保持景观连续性的前提下，又划分为万柳畅春景区、芳草远碧景区、万泉景区、京西稻田景区四个景区。每个景区又由若干景点构成，景点之间存在相关性，并作为部分共同体现景区整体风貌。例如，由万泉余波、林天晴碧、静影贯珠三个景点构成的万泉景区，其主题是体现公园历史上平底涌泉的地域特色。海淀公园的设计规划在整体设计风格的统筹下，合理划分各景区景点；各景区景点在突出各自特点下，又共同构成、作用于公园整体。这种公园结构的处理，使整体处于统帅地位，各部分起到良好作用前提下，又组成一个个有序整体，整体与部分和谐共存，值得借鉴与学习。

3.1.2.3　人与自然的共生

北京海淀公园园内植物种类丰富，草本层、灌木层、乔木层等非常鲜明且种类繁多，同时植物的配置充分与景观地形相结合，具备完善的生态功能，使游人可以亲近自然，与自然和谐相处。但在部分生态景观的处理上，仍具有改善空间，尤其是中心草坪这片区域。该区域是海淀公园最大的一处草坪区域，由公园东门进入不远，穿过海淀花谷，视野豁然开朗，即可看到此处。这片区域地势平坦开阔，由四周道路和高大乔木围合而成，在规划上其形态与园中湖泊形成呼应之势。其间植被以观赏性草坪为主，禁止游人进入。作者进行考察的时候，正是早春游人踏春之时，很多游客在中心草坪围栏外区域搭起帐篷，户外露营，享受着一年之中最美好的时节馈赠，满足人们对于回归自然的愿望是城市公园景观设计的基本要求。从人与自然共生角度出发，应将海淀公园中心草坪区域改造为可踩踏常绿型草坪，对游人开放。同时在保持该区域开阔空间的同时，种植高大乔木与公园大门形成呼应，并增设一些供游人休憩的公共设施，以此加强公园自然景观和游人之间的交流，使此处林间开阔绿地成为游人拥抱自然的桥梁，真正实现人与自然和谐共生。

3.1.3　生态防护功能

3.1.3.1　维持碳氧平衡

城市环境空气中的碳氧平衡，是在绿地与城市之间不断调整制氧与耗氧的基础上实现的。

3.1.3.2　净化环境

城市绿地对环境的净化作用，主要从净化空气、净化水体、净化土壤三个方面来体现。

3.1.3.3　改善城市小气候

人类对气候的改造，实质上目前还限于对小气候进行改造。改变下垫面的热状况是改善小气候的重要方法。

3.1.3.4　降低城市噪声

应对植物的高度、种类、种植位置、配置方式进行合理的选择和安排，以获得最佳的降噪效果。

3.1.3.5　防灾减灾

城市作为巨大的承载体，具有水土保持、防风固沙、防火防震、吸收放射性物质、备战防空等作用。

3.1.3.6　保护生物多样性

生物对维持生态平衡、保护生物环境有着不可替代的作用，生物多样性与人类的生存和发展休憩相关。

3.1.4　海淀公园的管理实践

3.1.4.1　人防技防相结合，加强秩序引导

海淀公园中控室是公园的指挥中枢，全园安装众多监控探头，基本做到公园全园范围内的监控全覆盖。屏幕画面随时切换、实时监控，发现问题及时呼叫保安人员前去制止。在充分运用技防的同时，加大了保安巡视力量，实行保安人员定时、定点、定岗、定责的管理，及时制止游客的不文明行为，保障公园的游园秩序。同时，在公园门区，采取以服务代管理的方式，对自行车、轮滑、足球等进行寄存服务，做到不文明隐患从门区阻断，减少公园内游园秩序管理压力。

3.1.4.2　设备设施动态维护

建立设备设施管理台账，将公园内的所有设备设施都进行了编号管理，制定详细的设施维护细则，并有专人负责检查园内公共设施，做到及时发现损坏及时进行维修，提高园内设施的完好率及维护质量。园区内照明设备、喷灌等设施，全部接入智慧化管理平台，一旦发生故障，会自动进行故障告警，有效防止喷灌设备的跑、冒、滴、漏，节约用水资源。

3.1.4.3　节约型园林管理

海淀公园植物配植的特点是北侧以开阔的大草坪为主，东、南、西三面以茂密的毛白杨、白蜡、洋槐等植物群植配以常绿植物及花灌木形成厚厚的林带，以起到与城市道路视线上的遮挡，同时也起到减少城市噪声、降低污染的作用，但由此也带来了植物生长的弊端。过密的树荫遮挡，导致林下草坪无法生长，林下斑秃、黄土露天现象极为严重。为了有效解决这一问题，公园连续多年进行了玉

簪、崂峪苔草等耐阴节水型植物的就地取材、大量分栽工作，不但景观效果得到了大幅度提升，而且节约了养护成本。

3.1.4.4 分区管理，以最大限度保护植被，减少投入

海淀公园的最大特色就是草坪内可以搭设帐篷，为此，公园在三个固定区域设置了专门的帐篷搭设区，并在每年春季，草坪返青的重要生长期，对中心草坪进行封闭养护管理，其目的就是有效保护草坪，以减少草坪补植的资金投入。

3.1.4.5 按照植物的生长习性及季节特点进行养护管理

植物养护管理是一项连续性的工作，任何一个环节出了问题，都会影响植物生长甚至导致植物死亡。按照养护标准，并按照植物生长习性及季节特点进行浇水、施肥、病虫害防治、整形修剪等养护工作，才能保证植物长势良好，景观优美。灌木的花后修剪保证养分供给以增加树势，病虫害防治早发现、早治疗可节省农药使用量并减少环境污染，秋季落叶缓扫、地被缓剪既可增加植物观赏色彩，又可起到保持土壤墒情的作用等措施都可起到降低成本的作用。

3.1.5 小结

通过对北京海淀公园的考察分析，可发现北京海淀公园的景观设计总体来看是较为成功的，但也存在不少需要改进的地方。从共生角度出发，针对其存在的不足进行修整，相信其景观会更具传统内涵和时代精神。在当今这个多元社会下，设计思想、形式、因素层出不穷。如何在这个繁杂的社会背景下，抽丝剥茧，探寻现代设计核心价值与方向的道路。共生思想给出了这样的答案：通过充分汲取优秀传统文化营养，正确解读现代生活价值和审视未来发展趋势，建立一种多元的共生关系，以此产生更具深层次的审美价值。中国的城市公园景观设计仍存在着种种不足，尤其是面对外来文化和现代思想的冲击，难以深度挖掘自身文化中的传统价值。通过共生思想的指导，我相信不仅可以解决现在的困境，更可以为城市公园景观设计带来新的发展思路和更广阔的发展空间。

3.2 游憩娱乐功能及案例

随着我国从高速到高质量发展阶段，经济社会已开始由工业化时代向后工业化时代转变，国民生活水平和生活质量大幅度提升，休闲也从精英阶层的小众化走向了平民百姓的大众化，未来呈现井喷式发展。但我国目前的游憩运动休闲空

间缺乏，游憩设施不足、休闲服务落后等，无法满足国民的基本运动游憩休闲需求，特别是城市公共空间的缺乏严重影响了国民的运动游憩休闲质量。根据调查，影响其参加体育锻炼的最主要的客观原因是"缺乏场地设施"（13.0%）。可达性高、体力活动场地设施完善的城市公园是应对场地设施缺乏的理想选择之一。在现代生活方式下，体育活动对居民的健康具有显著的影响。我国 2015 年城市公园数量约为 1.4 万个，面积为 38.4 万 hm^2，平均每万人城市居民拥有 0.3 个公园，人均公园面积为 8.3 m^2；而同期美国（人口数量最稠密的前 100 个城市）的城市公园约为 2.2 万个，面积为 82 万 hm^2，平均每万人城市居民拥有 3.84 个公园，人均公园面积为 129.8 m^2。与成熟完善的美国城市公园系统相比，我国城市公园还具有极大的发展空间。

3.2.1　游憩、运动与城市公园概述

3.2.1.1　概念

游憩源于英语 recreation，意思是"to refresh"恢复更新，含有"休养"和"娱乐"两层意思。游憩是个人或团体于闲暇时间从事的活动，包括被称为旅游、娱乐、运动、游戏以及某种程度上的文化等现象。游憩至少包含三个方面：从产业角度，游憩是广泛意义上的旅游；从地理角度，游憩是作为城市的一项基本功能，是在城市范围内（包括城市区、城市郊区，乃至城市附近周边区域）进行的活动，而区别于休闲的随意性；从行为心理角度，游憩是物质追求与精神追求的统一体。另外，游憩过程又是一种能量生产、消耗和积蓄过程，游憩系统是城市社会能量储存与生产系统。游憩过程也是获取能量的过程，使游憩者有更充沛的精力、更丰富的知识、更健康的身体从事生产和创造性活动，促进社会物质文明和精神文明的发展。

休闲是指在非劳动及非工作时间内以各种"玩"的方式求得身心的调节与放松，达到生命保健、体能恢复、身心愉悦的目的的一种业余生活。科学文明的休闲方式，可以有效地促进能量的储蓄和释放，它包括对智能、体能的调节和生理、心理机能的锻炼，休闲是一种心灵的体验。休闲的一般意义有两个方面：一是消除身体的疲劳；二是获得精神上的慰藉。将休闲上升到文化范畴则是指人的闲情所致，为不断满足人的多方面需要而处于的文化创造、文化欣赏、文化建构的一种生存状态或生命状态。

城市公园概念的产生要早于公园城市，自城市公园产生至今，经历了几次大

变革，从最初的田园风格模式到几何布局，到加入"娱乐设施"的实用主义设计，再到运动休闲观念的贯彻和露天场所体系的形成等，城市公园的功能内涵越来越丰富。城市公园能成为一个城市的标志，也是城市文明和繁荣的标志。作为城市的主要公共开放空间，公园建设不仅是休闲传统的延续，更是城市文化的体现，代表着一个城市的政治、经济、文化、风格和精神气质，也反映着一个城市市民的心态、追求和品位。美国景观设计之父奥姆斯特德曾说过，公园是一件艺术品，随着岁月的积淀，公园会日益被注入文化底蕴。因此，城市公园既是群众游览休憩的场所，也是文化传播的空间；既是向群众进行精神文明教育、科学知识普及的园地，也是政府促进社会和谐、培育城市文化的重要资源。

3.2.1.2 分类

国际上的城市公园分类不同，美国城市公园的分类标准主要参照美国国家游憩与公园协会制定的 *Park，Recreation，Open Space and Greenway Guidelines*（以下简称"NRPA 指南"），但各城市根据实际情况制定各自的城市公园分类体系。NRPA 城市公园分类体系（以下简称"NRPA 体系"）将城市公园分为迷你公园（Mini Park）或口袋公园（Pocket Park）、邻里公园（Neighborhood Park）、社区公园（Community Park）、区域公园（Regional Park）、专类公园（Special Use Park）、学校公园（School Park）、自然保护区（Natural Resource Area/Preserve）、绿色廊道（Greenway）或公园路（Parkway）和私有游憩场地（Private Park/Recreation Facility）。参照服务水平标准、对应的公园面积和使用目的，并建议平均每千人至少应拥有 $2.53 \sim 4.25\ hm^2$ 较完善的各类公园空间。其中，迷你公园、邻里公园、社区公园和区域公园是 NRPA 体系的核心类型，也是城市公园游憩、体育运动空间专项规划的重点。

（1）迷你公园是公园系统中最小的公园类型，也叫口袋公园，面积一般不超过 $2\ hm^2$，主要服务 400 m 范围内的城市居民，服务水平标准为每千人 $0.1 \sim 0.2\ hm^2$。一般设置有游戏设施、长椅、野餐桌台和具有一定吸引力的景观；使用目的多为被动型休闲活动，以野餐、散步等为主，通常只设置儿童活动区和器械区，选择性设置健康步道，不宜开展组织性体力活动或社区群体活动。

（2）邻里公园是最普遍的公园类型，面积为 $2 \sim 8\ hm^2$，主要服务 800 m 范围内的城市居民。从理念上看，邻里公园将丰富的游憩活动和设施集中在有限空间内，服务范围视周边居民密度和其他公园数量而定。一般一个邻里公园服务 1 万 ~ 2 万人，服务标准为每千人 $0.4 \sim 0.8\ hm^2$；同时满足主动型体育活动和被动型休闲活动，适宜团队训练、比赛及公共空间游乐，不宜开展节庆活动或定期的大型活动。

（3）社区公园是涵盖功能最广泛的公园，是能够满足所有使用者的游憩需求和兴趣的"一站式公园游憩中心"。服务范围超出一个甚至包含几个社区。公园尽可能多地提供各类设施和服务，满足不同年龄段使用者全天候使用需求。一般设置有大型设施，如大型室内健身中心或多功能运动综合体，并拥有自然风景和宽阔水面。公园面积为 8～30 hm²，服务 5 万～8 万人，服务水平标准为每千人 2.0～3.2 hm²；同时满足主动型、被动型及其他主被动混合类型的休闲活动。

3.2.1.3　功能

（1）生态功能。

公园是城市绿地系统中最大的绿色生态斑块，是城市中动植物资源最丰富之所在，在防止水土流失、净化空气、降低辐射、杀菌、滞尘、防尘、防噪声、调节小气候、降温、防风引风、缓解城市热岛效应等方面都具有良好的生态功能，被称为"城市的肺""城市氧吧"。公园对于改善城市生态环境、保护生物多样性起着积极的、有效的作用，也是城市绿化美化、改善生态环境的重要载体。

（2）空间景观功能。

公园是城市中最具自然特性的场所，有大量绿化，是城市绿色软质景观，和城市灰色硬质景观形成鲜明对比，使城市景观得以软化。公园也是城市的主要景观所在，可重新组织构建城市景观，组合文化、历史、休闲要素，使城市重新焕发活力。因此，其在美化城市景观中具有举足轻重的地位，甚至成为城市重要的节点、标志物。

（3）防灾减灾功能。

公园由于具有大面积公共开放空间，还担负着防火、防灾、避难功能。在承担防灾、避难功能上显示了其强大作用，可作为地震发生时的避难地、火灾隔火带、救援直升机降落场地、救灾物资集散地、救灾人员驻扎地及临时医院所在地、灾民临时住所和倒塌建筑物临时堆放场。

（4）休闲游憩功能。

公园是城市的起居空间，作为城市居民的主要休闲游憩场所，其活动空间、活动设施为城市居民提供了大量户外活动，承担着满足城市居民休闲游憩活动需求的主要职能。

（5）促进城市旅游业发展。

旅游已日益成为现代社会中人们精神生活的重要组成部分，公园已成为各大城市发展都市旅游业的主要部分，城市公园对促进旅游业发展有着积极的作用。

总之，城市公园在阻隔性质相互冲突的土地使用、降低人口密度、节制过度城市化发展、有机地组织城市空间和人的行为、改善交通、保护文物古迹、减少城市犯罪、增进社会交往、化解人情淡漠、提高市民意识、促进城市的可持续发展等方面都具有不可忽视的功能和作用。

3.2.1.4 意义

公园不仅惠及百姓，也重塑了城市。我国传统的城市形态以街巷体系为主导，沿街设店，顺巷布宅，公共活动空间只有庙宇和祠堂。工业化时期的城市形态以生产为主导，强调功能分区，公共活动空间以街道和商业区为主，少量的成片绿地也是位于居住区和工业区之间的生态屏障，不具有可达性和可入性。我们推进公园城市建设，将公园体系作为城市规划建设的重要组成部分，以均衡分布的城市公园作为城市的重要节点，以沿路沿河绿化将城市绿地系统连为一体，锚固了城市形态，实现了市民公共活动空间从以商业街区为主到以生态体育休闲公园为主的切换。公园还是城市避灾场所、文化教育基地、步行交通的连接枢纽，以及提升城市价值的重要平台，是城市重要的功能性设施。

公园不仅能影响一座城，也能改变一城人。我国新建的各类公园基本上涵盖生态、体育、休闲元素，兼顾群体和个体、年长和年幼不同层次群众的需求。这些百姓家门口的公园，中老年人在这里健步、下棋、聊天、晒太阳，年轻人打篮球、踢足球，参与各类体育活动，孩子们滑滑梯、荡秋千、玩跷跷板、嬉戏游乐。各类体育、游憩、休闲组合也应运而生，人们的交往圈不断扩大，朋友不断增多，公民意识、规则意识不断增强，到公园成为最为欢迎、最为流行的生活方式。城市公园让城市更温暖、更包容、更温馨、更温情。

3.3.2 国外城市公园发展简史和案例启示

3.3.2.1 发展简史

中世纪之前的城市并不存在任何城市花园。文艺复兴时期，意大利人阿尔伯蒂首次提出了建造城市公共空间应该创造花园用于娱乐和休闲。此后，花园对提高城市和居住质量的重要性开始被人们所认识。近代城市公园萌芽于英国，诞生于 19 世纪初期，其出现是为应对当时日益突显的城市环境问题，发端和成熟于美国，1873 年建成的纽约中央公园被认为是最早的近代城市公园，同时也是美国城市公园运动的起点。其后，逐渐发展成为城市建设的重要内容。

城市公园有两个源头：一个源头是贵族私家花园的公众化，另一个源头是源于社区或村镇的公共场地，特别是教堂前的开放草地。城市公园作为大工业时代的产物，为工业化大生产所导致的城市问题提供了一种有效的解决途径。在当时，各国普遍认同城市公园所具有的价值，即保障公众健康、滋养道德精神、体现浪漫主义（社会思潮）、提高劳动者的工作效率、促使城市地价增值等。

城市公园运动为城市居民带来了一片清新安全的绿洲。现代意义上的城市公园起源于美国，1858 年，设计师唐宁和奥姆斯特德倡导纽约建立中央公园后，全美各大城市都建立了各自的中央公园，形成了公园建设运动，开创现代景观设计学之先河，标志着城市公众生活景观的到来。公园已不再是少数人所赏玩的"奢侈品"，而是普通公众身心愉悦的空间。城市公园系统建设获得美国法律认可并成为美国城市公园建设的一种模式。20 世纪初，生态学逐渐发展成一门独立的学科，城市公园的建设与生态改善的发展联系也愈发紧密，城市公园系统的规划中更加关注对生态环境的改善。直至今天，国内外城市中所广泛建设的绿道、绿色基础设施、绿色网络等都是在城市公园系统上的延续和发展，对于塑造城市空间和整治生态环境起到了重要作用。现今美国许多人口稠密的城市或地区已拥有成熟完善的城市公园系统，如纽约、大波士顿区域、旧金山和明尼阿波利斯等，拥有超过 9 000 个地方公园与游憩服务机构，管理着超过 10.8 万个公园和 6.5 万个室内场所。

3.2.2.2　案例赏析

（1）多伦多 Corktown 公园。

多伦多 Corktown 公园所在处是多伦多过往工业历史的遗存，遗留下来的只有一片迫切需要清理和修复的棕地。公园将景观设计与城市防洪措施完美结合，为城市公园设计树立了新的典范。公园滨河空间的绿地并未多加修饰，在雨季这里将被洪水淹没。经过重设计的棕地场地作为 WestDonLand 中的第一个城市公园，重构的自然将无人问津的城市边缘地带转化为深受众人喜爱的休闲场所，为多伦多公园生态多样性的建设树立了新标准。起伏的地形不仅可以阻挡洪水的侵蚀，创造了多样化的微气候植被区，同时阻挡了外围铁路、高速道路等基础设施与工业空间给公园带来的不良景观视野与噪声，不分季节吸引着人们与动物前往。

（2）新西兰怀唐伊公园。

怀唐伊公园的前身是一块棕地，改造后的公园主要分为五大区域：活动区、长廊区、文化展示区、种植区以及基础设施区，这些区域有机结合，统一成不可分割的整体，为娱乐活动提供了各种各样的可能。无论是从设计上，还是工程方面，它都充分体现了可持续性，做了大量的创新性展示。

3.2.2.3 启示

公园是社会转型时期的产物，也是城市公共空间演变和社会生活方式转变的结果。城市公园提供了一种新型的公共空间，在功能上实现了公众社交、聚会、休闲、娱乐、运动与教育活动相结合的理想，而且在内涵上体现了社会平等和尊严。这样的公园不分种族、等级、性别和年龄，可以自由且免费出入，最终成为一种理想的城市公共休闲空间。城市建设公园的目标是给予市民"更多的健康和幸福"。

公园是城市空间的一个重要场所，它既是城市生态景观，又是居民休闲的娱乐场所。"公园作为一种公共空间，作为城市居民交际、约会、讨论的社交场所，已成为城市普通居民生活的一种延伸，具有公民社会属性。"

公园系统在促进本国居民进行体育和体力活动、提升国家公共健康水平方面发挥了巨大的作用。公园是人们进行游憩休闲运动的重要建成环境，在现代生活方式下，对居民达到体力活动的推荐标准和健康具有显著的影响。增加与优化可达性高、设施完善、免费或低收费的城市公园被认为是促进居民进行体力活动的有效途径。

3.3 环境美化功能及案例

公园绿地作为城市必不可少的一个重要组成部分，其功能具有不可替代性，是人类居住、工作、生活必不可少的场所。公园是城市的公共基础设施，除具有旅游价值、文化教育、休闲游乐的功能外，还折射该城市的变迁，具有重要的历史价值，城市往往因公园的存在而变得更有文化魅力。

3.3.1 城市绿地功能

随着社会的进步和科学技术的发展，园林绿地不论在规模还是功能上都发生了根本性的变化，城市绿地的功能由单一游乐功能发展为现在的多种综合功能，以下为城市绿地的几项主要功能。

（1）生态防护功能。

城市绿地具有维持碳氧平衡、净化环境、改善城市小气候、降低城市噪声、防灾减灾、保护生物多样性多种生态防护功能。

（2）游憩娱乐功能。

城市绿地具有提供休闲游憩场所、促进公众心理健康的功能。

（3）文化教育功能。

城市绿地是历史文化教育的场所、爱国主义教育的阵地、生态环境教育的课堂。

（4）环境美化功能。

城市绿地是景观效果的重要组成部分，既可以体现植物自然之美，又具有营造城市景观风貌的功能。

（5）避险救灾功能。

在发生自然灾害或其他突发事故时，城市绿地可以用作避难疏散场所和救援重建的据点。

3.3.2　城市绿地的生态防护功能

城市绿地具有突出的生态效益，有效促进和维护城市发展的良性循环，具体表现在以下几个方面。

（1）维持碳氧平衡。

城市环境空气中的碳氧平衡，是在绿地与城市之间不断调整制氧与耗氧的基础上实现的。

（2）净化环境。

城市绿地对环境的净化作用，主要从净化空气、净化水体、净化土壤 3 个方面来体现。

（3）改善城市小气候。

人类对气候的改造，实质上目前还限于对小气候提交进行改造。改变下垫面的热状况是改善小气候的重要方法。

（4）降低城市噪声。

应对植物的高度、种类、种植位置、配置方式进行合理的选择和安排，以获得最佳的降噪效果。

（5）防灾减灾。

城市作为巨大的承载体，具有水土保持、防风固沙、防火防震、吸收放射性物质、备战防空等作用。

（6）保护生物多样性。

生物对维持生态平衡、保护生物环境有着不可替代的作用，生物多样性与人类的生存和发展休憩相关。

3.3.3 城市热岛形成的原因以及解决办法

（1）受城市下垫面特性的影响。

城市中人工下垫面如建筑、地面铺装等的大量增加，改变了下垫面的热特性。

（2）人工热源的影响。

工厂生产、交通运输以及居民生活燃烧各种燃料，每天都在排放大量的热量。

（3）不利于热量扩散。

密集的城市建筑阻挡城市通风道，不利于城市热量的扩散。

（4）缓解热岛能力减弱。

城市中绿地、林木和水体的减少，削弱了缓解热岛效应的能力。

（5）温室效应。

城市中的大气污染严重，大量排放物吸收下垫面热辐射，产生温室效应，从而引起大气进一步升温。

3.3.4 城市绿地的文化教育功能

城市绿地是城市的绿色基础设施，它作为城市主要的公共开放空间，不仅是城市居民的休闲游想活动场地，更是市民感受社会教育的重要场所。

（1）历史文化教育的场所。

北京元大都城垣遗址公园，以元代城墙遗址为依托，全园以展示元代的历史、文化为主要线索，景区的设计、景观小品的形式均围绕这一主题展开。

（2）爱国主义教育的阵地。

在上海虹口公园的鲁迅纪念馆，从鲁迅战斗的一生中可感受到伟人的黄牛和匕首精神，使人受到深刻的教育。

（3）生态环境教育的课堂。

北京市野鸭湖是北京地区面积最大、最为典型的湿地生态系统，湿地类型多样，动植物资源丰富，具有极其重要的保护价值和科研价值。

3.3.5 城市绿地的环境美化功能

绿地植物既是现代城市园林建设的主体，又具有美化环境的作用。园林植物具有丰富的色彩，优美的形态，并且随着季节的变化呈现出不同的景观外貌，给人们的生存环境带来大自然的勃勃生机，使原本冷硬的建筑空间变得温馨自然。

3.3.6　城市绿地的避险救灾功能

（1）避险功能。

灾害发生后，城市绿地可以为避难人员提供避难生活空间，并确保避难人员的基本生活条件。

（2）救灾功能。

城市绿地在灾后救援与重建中发挥着重要的作用。物资、食物、饮用水的分发等救援活动，可以将城市绿地作为据点来进行。

3.3.7　案例

3.4.7.1　杭州西湖

杭州之美，美在西湖。西湖傍杭州而盛，杭州因西湖而名。自古以来，"天下西湖三十六，就中最美是杭州"，以西湖为中心的西湖景区是国务院首批公布的国家重点风景名胜区，也是全国首批十大文明风景旅游区和国家 5A 级旅游景区。

2011 年 6 月 24 日，"杭州西湖文化景观"在第 35 届世界遗产大会上被成功列入世界遗产名录。"杭州西湖文化景观"由分布 3 322.88 hm² 范围内的西湖自然山水、"三面云山一面城"的城湖空间特征、"两堤三岛"景观格局、"西湖十景"题名景观、西湖文化史迹和西湖特色植物六大要素组成，肇始于 9 世纪、成形于 13 世纪、兴盛于 18 世纪、并传承发展至今。该景观在 10 个多世纪的持续演变中日臻完善，成为景观元素特别丰富、设计手法极为独特、历史发展特别悠久、文化含量特别厚重的"东方文化名湖"。该景观是中国历代文化精英秉承"天人合一""寄情山水"的中国山水美学理论下景观设计的杰出典范，展现了东方景观设计自南宋以来讲求"诗情画意"的艺术风格，在世界景观设计史上拥有重要地位，为中国传衍至今的佛教文化、道教文化以及忠孝、隐逸、藏书、印学等中国古老悠久的文化与传统的发展与传承提供了特殊的见证。

3.4.7.2　扬州瘦西湖

瘦西湖位于扬州市西北，六朝以来即为风景胜地，清代康乾时期即已形成的"两堤花柳全依水，一路楼台直到山"的湖上园林，融南方之秀、北方之雄于一体，清乾隆时期更是盛极一时，成为扬州雍容华贵的象征。蜀冈—瘦西湖风景名胜区于 1988 年被国务院公布为第二批国家重点风景名胜区，原规划面积 12.23 km²。

瘦西湖位于扬州市西北，六朝以来即为风景胜地，清代康乾时期即已形成的"两堤花柳全依水，一路楼台直到山"的湖上园林，融南方之秀、北方之雄于一体，清乾隆时期更是盛极一时，成为扬州雍容华贵的象征。

瘦西湖现有游览区面积 100 hm² 左右，1988 年被国务院列为"具有重要历史文化遗产和扬州园林特色的国家重点名胜区"。它虽不像杭州的西湖、济南的大明湖那样声名赫赫，却也具有自身独特的魅力。在瘦西湖"L"形狭长河道的顶点上，是眺景最佳处。由历代挖湖后的泥堆积成岭，登高极目，全湖景色尽收眼底。文人雅士看中此地，构堂叠石代有增添，至清代成为瘦西湖最吸引人之处，有"湖上蓬莱"之称。近人巧取瘦西湖之"瘦"，小金山之"小"，点明扬州园林之妙在于巧"借"：借得西湖一角，堪夸其瘦；移来金山半点，何惜乎小。岭上为风亭，连同岭下的琴室、月观，近处的吹台，远景近收，近景烘托，把整个瘦西湖景区装扮得比借用的原景多了许多妖媚之气。

3.4.6.3 塞纳河

塞纳河（Seine River）是法国北部大河，全长 776.6 km，包括支流在内的流域总面积为 78 700 km²；它是欧洲有历史意义的大河之一，其排水网络的运输量占法国内河航运量的大部分。自中世纪初期以来，巴黎就是在该河一些主要渡口上建立起来的，河流与城市的相互依存关系是紧密而不可分离的。

塞纳河发源于勃艮第科多尔大区朗格勒高原，塔塞洛山的海拔 471 m 处，全长 776 km；当流经沙蒂永那边多孔石灰岩村时，仍是一条小溪。它从勃艮第流向西北、进入特鲁瓦上方的香槟；它在香槟干燥的白垩高原时是两岸坚固的壕沟。流到罗米伊附近与奥布河汇合，朝西流向蒙特罗附近时河谷变宽，在此它从左岸接纳约纳河。又折向西北，当其筑成壕沟似的河谷跨越法兰西岛奔向巴黎时，通过默伦和科尔贝。当其进入巴黎时，在右岸与其大的支流马恩河汇合；在蜿蜒流经大都会后又在右岸接纳瓦兹河。在通过巴黎时，塞纳河已经过修整，两岸码头之间的河道已经变窄。它沿着大盘曲的河道流去，在芒特拉若利下方穿过诺曼底奔向位于英吉利海峡的河口湾。它宽阔的河口湾迅速张开，通过唐卡维尔，延伸 26 km，抵达勒哈佛尔。它常有涌潮现象。

3.4　避险救灾功能及案例

3.4.1　城市绿地概念

"绿地"简而言之是承载着生命的绿色土地。城市规划中的定义城市绿地泛指城市区域内一切人工或自然的植物群体、水体及具有绿色潜能的空间是由相互作用的具有一定数量和质量的各类绿地所组成的并具有生态效益、社会效益和相应经济效益的有机整体。它是构成城市系统内唯一执行"纳污吐新"负反馈调节机制的子系统，是优化城市环境、保证系统整体稳定性的必要成分。同时它又是从属于更大的城市系统的组成部分，城市系统则是由自然环境系统、农业系统、工业系统、商业系统、交通运输系统和社会系统所组成的巨系统，城市绿地从属于其中的自然环境系统。城市绿地按其用地性质和主要功能分为公园绿地、生产绿地、防护绿地、附属绿地及其他绿地五大类。

由此可见，"绿地"包括三层含义：由树木花草等植物生长所形成的绿色地块，如森林、花园、草地等；植物生长所占大部分的地块，如城市公园、自然风景保护区等；农业生产用地而城市绿地则可理解为位于城市范围（包括城区和郊区）的绿地。

3.4.2　灾害概念及公园绿地防灾功能

（1）灾害概念。

灾害反映的是人与自然的相对关系，自然灾害无法控制，但伤害可以通过人的力量来防止。城市灾害是指由于自然和人为的原因，对城市功能和人民生命财产造成损害的一种事件。

城市系统灾害大体可以分为如下几类：自然灾害，如地震、海啸、风暴潮、台风、龙卷风、海水入侵、海岸侵蚀、泥石流、水灾、地面沉降和塌陷、滑坡、火灾等；建设施工安全和灾害，如房屋局部和部分倒塌、人员死伤、地下施工导致建筑物和环境灾害、基坑和地铁施工事故等；市政道路管网运行安全管道破裂、管道爆炸、煤气和天然气泄漏软损失，因为城市建设灾害造成的非物质形态的损失，如心理损伤、社会秩序和安全的破坏、正常生产生活秩序混乱由城市人口密集，疾病尤其是传染病对城市人民健康影响较大。地震、水患、风灾及火灾被称为城市的四大灾害；按照造成灾害的原因又可分为自然灾害与人为灾害。

（2）公园绿地的防灾功能。

在突发灾难出现时，城市绿地、公园多方面的防灾功能具体包括：防洪、抗旱、保持水土；避震，一般地震发生后，部分树木不致倒伏，可以利用树木搭建帐篷，创造避震的临时生活环境；防火，一定面积规模的城市公园等绿地，能够切断火灾的蔓延，防止飞火延烧，在熄灭火灾、控制火势、减少火灾损失等方面有独特的贡献。许多绿化植物枝叶中含有大量水分，一旦发生火灾，可以阻止火势蔓延扩大；防风，北方城市的风沙、沙尘暴，沿海城市的海潮风、风暴等灾害常常给城市带来巨大损失。另外，由于绿地公园地势平缓，建筑稀少、低矮，不仅可以作为灾民的临时生活住所，也可作为救灾物资的集散地、救灾人员的驻扎地、临时医院的所在地和救援直升机的起降地。

3.4.3 绿地防灾避灾规划

满足防灾避灾功能的绿地在选择时要满足：其自身需地质结构稳定，且避开地震断裂带、山体滑坡、泥石流、蓄滞洪区等自然灾害多发地段。规划要求各级满足防灾避灾功能的绿地规模、级别等按照地方标准应设置相应急避难设施外，还要满足以下原则。

（1）均布性原则。

绿地系统规划应与城市综合防灾规划在用地布局上统筹安排，较好结合，突出城市防灾重点。合理确定生产防护绿地与公共绿地布局，保证公共绿地本身的安全，避免将公共绿地作为防护绿地。合理布置各级绿地，明确各类防灾绿地的功能与作用，确定各级防灾绿地的服务半径与范围。

（2）安全可达原则。

根据防灾规划的具体用地条件，测算其避灾人员流量。计算容量应扣除水面、陡坡、山地、灌木丛林等人员不能进入的用地，扣除高层建筑物下不安全地带和人员疏散通道用地扣除文物保护用地。通过避灾容量的计算，验证城市防灾规划的合理性。

（3）平灾结合原则。

对重点防灾避险绿地的规划应提出平灾结合的设计要求。如分布在城市中心区的绿地承担的防灾避险功能较强，其绿地设计应尽量保持林下开放空间、少植灌丛、少用水池、少堆地形。对一些在灾时可结合作为固定避灾安置的场所的公园绿地，应增加灾时可以迅速转换利用的场地和设施，如营地、水井、厕所、管网、通信、照明等。

3.4.4　城市公园绿地案例

3.5.4.1　成都人民公园

成都人民公园位于成都市青羊区东部，北邻少城路，西接小南街，占地
13 hm²，整体空间呈块状梯形，公园的核心景观由辛亥革命保路运动广场、鹤
鸣茶社、永聚茶社、新东大门假山广场、兰草园、盆景园、东山、人工湖等组成。
人民公园原名少城公园，始建于 1911 年，建园初期便是成都各进步团体演讲、
演出、聚会、募捐的重要场所。1949 年中华人民共和国成立后，成都人民公园
改名为"人民公园"。人民公园紧邻成都天府广场，位于成都一环路内城市核心
区域，周边分布着密集的居住组团，人口密度极高，给人民公园的防灾能力带来
巨大的考验。

从交通方面来说，人民公园区位良好，所处位置外部交通较为通畅。与人民
公园各个出入口直接相连的城市道路有七条，分别为东城根南街、文翁路、祠堂
街、蜀都大道少城路、小南街、君平街和半边街南街。其中蜀都大道少城路和东
城根南街为城市主要干道也是城市重要的疏散通道，小南街和祠堂街为城市次要
道路，君平街和半边街南街为城市支路，这六条道路一起构成了公园外部的疏散
道路体系。

人民公园一共设置了十个出入口，分设在五个不同的方向且与城市主要的疏
散通道相对接。具体来讲，公园的东大门是人民公园最大的主入口，东大门与川
军抗日阵亡将士纪念碑广场一起构成了公园最大的入口空间，这样使得灾时大量
群众逃往公园避难时进入公园有足够的缓冲空间，可以有效缓解大量避难人员的
涌入而造成拥堵情况，不过东大门入口处有一定的高差，因此存在一定安全隐患，
同时也不便于救援车辆的进出。北大门和西大门同样作为公园的主要出入口，但
北大门由于入口拱桥问题并不利于灾时大量人群快速的疏散以及救援车辆的顺利
进出。而西大门入口处没有相应的集散广场，在灾时人群大量涌入后会造成拥堵，
有一定的安全隐患。公园的出入口都设置较为合理，便于人群进入公园，消防应
急出入口平时处于关闭状态，遇灾时开启，增加了公园的防灾避险能力。

人民公园内规划了大面积的应急蓬宿区，共 9 处，总面积约 3.9 万 m²，主要
分布在东大门入口、辛亥革命保路运动广场、辛亥秋保路死事纪念碑广场、兰草
园及少城苑周围，邻近主要和次要救援通道的位置，大部分应急蓬宿区地势平坦，

排水良好。应急蓬宿区内配置有相应的应急供电、应急供水以及应急厕所,不过每一个蓬宿组团小单位之间没有防火带设置。此外个别场地较好的应急蓬宿区内种植有高分支点的植物,这也便于在灾时灾民搭建临时帐篷时作为支撑物使用。

人民公园的应急配套设施包括应急厕所、应急供电设施、应急供水设施以及相应的应急标志。公园内的应急供电设施的电源主要由市政管线提供支持,并且配备了独立的备用电源;应急供水设施采用直接对接市政供水管网和设立单独水井两种供水形式。另外,公园内有多处应急标志,并较为合理地分布在整个场地,能够提供比较明确的路线方向指引,除了个别被植物遮挡外,其余的标志都较为清晰且无损坏的现象。

人民公园中的水体形态主要由点、线、面构成。点状水体包括东大门山水广场水景、少城苑荷花鱼池;线状水体则是以金水溪为代表的溪流;面状水体则是人工湖及其相应的划船区域。灾时这些水体尤其是人工湖内的水体可以很好解决应急供水和消防用水的问题,值得一提的是,位于公园边沿的金水溪在灾时能够起到很好的防洪、防火作用,进一步加强了公园内部场地的安全性,提高了公园防灾避险的能力。

人民公园内的植物配置形式多样、层次丰富,种类和数量都比较多,从防灾功能来看,公园植物种类的选择上用到了银杏、杜英、悬铃木、罗汉松、国槐、刺槐等这类些耐火且树种根系发达,地震的时候不易倾覆的树种,另外这类树种由于树冠广大,可以像保护伞一样承担地震时附近楼体的坠落物,因此公园内的植物进一步提高了公园的防灾避险能力。

3.5.4.2　广州珠江公园

广州市位于珠三角北部,地处粤中低山与珠三角间的过渡地区,珠江公园位于广东省广州市天河区,是一个集观赏、游憩、科普和休闲于一体的市级综合公园。

珠江公园占据了由花城大道、马场路、金穗路、猎德大道四条交通干道所围合地段的大部分区域。

珠江公园主要有棕榈园、桂花园、木兰园、藤本园、阴生植物区、风景林区、水生植物区、百花园区等植物景区,这几个景区中植物种类丰富,种植密度较高,且大多处于公园内中部东部区域,地形起伏较为丰富,因此大多场地并不适宜作为避难场地。

公园内的绿化以造景为主,大多以密植植物的形式来造景,地形起伏明显,并不适宜用作防灾避险场地。总体来说，珠江公园西部区域以舞台广场为中心的大片草坪，场地开阔、间接且地形平稳，是较为理想的防灾避险场地，中部、东部区域以植物造景为主，地形起伏较明显，避震减灾功能较弱。

园内的交通道路宽度对于防灾避险来说有点捉襟见肘，但西部的跑道和草坪可塑性和可利用性较强，对西部要求不高的情况下，总体来说应急交通条件基本可以满足。

珠江公园现有 8 个固定式厕所，这 8 个厕所基本都均匀分布在主干道周围，其中北门、东门和南门出入口旁边各设有 1 个，但公园内并未设置有暗厕等其他应急厕所。

公园内的日常标识系统分布较为合理，在路口处基本都有指引方向的指示牌，在出入口和部分节点也有游览图和公示牌。公园内应急物资供应、应急医疗防疫、应急供水与消防、应急供电与照明设施建设情况较差或未设置。

综上，珠江公园总体避震减灾功能良好，若要对珠江公园进行防灾改造的话，基于它本身以绿化造景为主的定位，改造重点应该在其防灾设施的和空间的增建上。

3.4.5　小结

世纪是"城市"的世纪，全世界城市化进程不断加速的同时也使城市环境问题日益突出，带来一系列不便甚至灾难，给城市造成巨大损失。公园绿地作为城市中不可缺少的一部分，在日常生活中占据十分重要的地位。总之，城市绿地防灾避险功能的好坏直接影响到整个城市的可持续发展。

第4章 城市绿地规划的程序与内容

4.1 城市绿地现状调查与资料收集及案例

4.1.1 我国城市绿化现状分析

城市绿化是指在城市中植树造林、种草种花，把一定的地面空间覆盖或者是装点起来。城市绿化作为城市生态系统中的还原组织，具有受到外来干扰和破坏而恢复原状的能力。对城市绿化生态环境的研究就是要充分利用城市绿化生态环境使城市生态系统具有还原功能，能够改善城市居民生活环境质量这一重要作用，也影响一个城市的名誉。

近年来，我国越来越重视城市绿化工作，出台了多项有关城市绿化建设的政策规划，来推动我国城市绿化工作的持续规范开展。

随着我国越来越重视城市绿化的发展，各城市地区不断增加当地的绿化面积，提高城市声誉。国家统计局数据显示，近几年，我国城市绿化面积逐年增加。2019 年，我国城市绿化总面积为 315.3 万 hm^2，同比 2018 年增长了 3.5%。其中，2019 年，我国城市绿化面积最多省份是广东省，502 353 hm^2；其次是江苏省，绿化面积为 298 531 hm^2；再次是山东省，绿化面积为 252 338 hm^2。

随着城市绿化面积不断增长，我国城市建成区绿化面积也在逐年稳步增长。据国家统计局数据显示，2018 年，我国城市建成区绿化面积为 219.7 万 hm^2，建成区绿地面积绿化率为 37.3%；2019 年，中国城市建成区绿化面积为 228.5 万 hm^2，建成区绿化面积绿地率为 37.6%。

近年来，随着城市绿化面积的不断增长，我国城市绿化覆盖面积也呈逐年增长态势。城市绿化覆盖面积跟城市绿化面积不同，城市绿化面积包括了各种城市绿地，如公园绿地、防护绿地、广场用地、附属绿地和区域绿地。而城市绿化覆盖面积只包括了公共绿地、街道绿地和庭院绿地。据数据显示，截至 2019 年，我国城市绿化覆盖面积为 365.37 万 hm^2，同比 2018 年增长了 4.6%。其中 2019

年我国城市绿化覆盖面积最多地区也是广东省，广东省城市绿化覆盖面积为 584 449 hm²；第二名江苏省绿化覆盖面积为 333 185 hm²；第三名是山东省绿化覆盖面积为 289 833 hm²。

城市绿化覆盖面积包括建成区绿化覆盖面积和未建成区覆盖面积，其中，建成区绿化覆盖面积在政府每年不断投入资金建设下，呈逐年稳定增长的态势。据统计，2019 年中国城市建成区绿化覆盖面积为 252.29 万 hm²，绿化覆盖率为 41.51%。

总的来看，在国家大力推动城市绿化建设发展下，我国各地城市绿化面积不断向好发展，城市绿地系统逐渐完善，绿化用地合理布局，基本满足了我国城市健康、安全、宜居的要求。

4.1.2　案例收集与分析

4.1.2.1　沈阳市城市绿地

（1）沈阳市城市绿地分析。

2018 年底，从沈阳市城市园林绿化设施地理信息系统统计数据来看，沈阳市建成区面积已经达到 465.24 km²，建成区绿地面积为 152.02 km²，建成区绿化覆盖率为 34.90%，人均公园绿地面积为 12.53 m²，2006～2018 年，沈阳建成区面积扩大了 2.49 倍，但建成区绿地面积仅扩大 0.27，人均公园绿地面积仅增加 2.39 m²，建成区绿化覆盖率下降 6.2%，与 2017 年全国城市建成区平均绿化覆盖率 40.91% 仍具有一定的差距。

（2）沈阳城市各类型绿地分析。

沈阳市城市园林绿化设施地理信息系统 2018 年 12 月数据显示，沈阳各类型绿地面积共计 148.86 km²，附属绿地所占面积最大为 61.89 km²，所占比例达到 41.58%。其中居住区绿地、公共设施绿地、工业绿地所占比重较大，其面积分别为 31.61 km²、13.36 km² 和 10.42 km²。除此 3 种绿地类型外，道路绿地面积为 1.53 km²，仓储绿地为 0.03 km²，市政设施绿地为 0.085 km²，特殊绿地为 5.43 km²。其次是公园绿地，面积 61.76 km²，所占比重为 41.49%，仅次于附属绿地。沈阳有公园 1 024 座，其中综合性公园 53 座，社区公园 49 座，专类园 8 座，带状公园 69 座，街旁绿地 845 处；对比附属绿地和公园绿地，其他各类型绿地所占比重较小，分别为防护绿地 21.48 km²，占 14.43%；生产绿地 1.3 km²，占 0.87%；其他绿地 2.38 km²，占 1.60%。通过以上数据可以看出，附属绿地和公园绿地共占全市绿地面积的83.07%左右，这两类绿地直接影响城市居住和交通环境质量，影响城市综合生态功能的发挥。防护绿地占全市绿地面积的14.38%，防护林是防护绿地的主要组成部分，沈阳市的防护林主要由北部防护林、西南防护林和南部防护林组成，防护绿地在数量和空间分布均不占优势；沈阳市生产绿地面积为1.3 km²，仅占全市绿地面积的0.87%左右，按照住房和城乡建设部在《城市绿化规划指标的规定》中的要求，城市生产绿地面积应占建成区面积的2%以上，沈阳市生产绿地面积还有待进一步提高。

（3）沈阳市城市绿地存在的问题。

①新老行政区绿化差异明显。在人均公园绿地面积上，如浑南新区、沈北新区、于洪区重新规划的行政区的人均公园绿地面积较大，和平区、沈河区、大东区、皇姑区、铁西区5区为原城市中心区，由于铁西区有张士开发区的划入，使人均公园绿地面积有所提高，其他4个老城区在人均公园面积相对较少，均低于国家园林城市标准（8 km²/人）。

②沈阳地区的中心城区绿地景观斑块破碎程度较高。中心城区绿地景观斑块小而分散，缺少一定量的较大规模的绿地，这对城市绿地生态功能的发挥及生物多样性保护十分不利，也制约了城市游憩功能的发挥。从绿地景观类型斑块在各区的分布及各行政区绿地斑块平均面积大小的比较上可以看出，在和平、沈河、大东、皇姑、铁西等老城区绿地斑块数量多，但斑块平均面积小，而在浑南新区、沈北新区、于洪区等原郊区和新规划城区，绿地斑块数量少而斑块平均面积大，新老城区绿地斑块数量和斑块平均面积呈负相关。

③建设区绿色空间呈东西分布严重不均。公园绿地主要集中于城市东北部，其中森林、湖泊、湿地等具有生态调节功能的景观斑块也主要集中在城市的东北部，沈阳市的主要河道浑河、蒲河等自然水系及南北运河等人工水系未构成整个绿地的贯通，还存在部分断裂或孤立斑块，有待于进一步整合和修复。在生态廊道体系的建立上，沈阳市防护绿地面积较少，缺少功能区间绿隔以构建区域性生态屏障。

④绿地系统连贯性不足。沈阳绿地系统中绿道、绿廊、绿楔较少，未形成相互贯通的绿色网络体系和生态脉络。建成区绿地景观结构基本遵循以沈阳一、二环中心城区向外扩延，东部植被丰富，西部为以前的重工业区，植被相对较少，在城市建成区中以北陵公园、中山公园、南湖公园等各大公园绿地呈楔形楔入城市中心，但从整体景观结构上看生态景观较为破碎，还未形成完整的景观网络体

系，景观生态效益还未完全发挥。

4.1.2.2　黑河市城市绿地

（1）黑河市城市绿地现状。

2015 年，黑河市建成区各类绿地总面积 701.5 hm²，绿地率 35.08%，绿化覆盖率 39.88%，人均公园绿地面积为 10.1 m²/人。

（2）城市绿地类型与质量评价。

①公园绿地。2015 年，黑河市区公园绿地面积 146.3 hm²，占全市绿地总面积的 20.8%，人均公园绿地面积 10.1 m²/人。其中，综合性公园 1 处，面积 54.03 hm²，万人拥有综合公园指数 0.07；社区公园 1 处，面积 7.33 hm²；专类公园 3 处，面积 61.1 hm²；带状绿地：2 处，面积 11.69 hm²；街旁绿地：18 处，面积 9.5 hm²；广场绿地：1 处，面积 2.6 hm²。

②防护绿地。黑河市建成区现有防护绿地面积 161.4 hm²，占全市绿地总面积的 23%，主要分布在黑龙江沿岸和城乡接合部，尚未构成体系。工业用地和城区周围缺乏生态防护绿带，公路和铁路两侧缺乏较宽的防护隔离绿带。

③附属绿地。现有附属绿地面积 222.4 hm²，占全市绿地总面积的 31.7%，主要分布在城市道路用地、居民庭院、单位庭院内。

④其他绿地。位于城市西北部和东北部的五道豁洛和小黑河岛风景林地面积 116.4 hm²，山野植被茂盛，空气清新宜人，对维护城市生态平衡有直接的补充作用，但目前还未开发利用，生态环境经常受人为干扰。

（3）黑河市城市绿地存在的问题。

虽然黑河市园林绿化建设取得较大的进步，但城市绿地建设力度、发展水平和服务市民方面仍存在以下问题。

①公园绿地布局不合理，分布不均衡。黑河市城市公园绿地主要集中在市区北部黑龙江沿岸，公园绿地服务盲区分布在城市南部和西部。

②附属绿地偏少，分布不均。从绿地分布来看，老城区绿地少，新城区绿地多，分布不均。单位附属绿地绿化发展不平衡，以部队、学校、开放式单位的绿地率为最高，工厂类、仓库类为最低。

③绿地布局结构和网络体系不够完善。黑河市区防护绿地主要分布在城区北部黑龙江沿岸，少量分布在城乡接合部。市区南部的河渠、铁路沿线虽有一些零星树木，但缺乏统一管理和规划，其面积亟待扩大。市区内工业区与居住区无防护林隔离带，环城、沿河绿地不足，尚未形成规模系统。

4.2 城市绿地系统规划内容及案例

4.2.1 城市绿地系统规划内容

根据国家《城市绿地系统规划编制纲要（试行）》，城市绿地系统规划应该包括以下主要内容。

（1）城市概况及现状分析。城市概况包括自然条件、社会条件、环境状况和城市基本概况等；绿地现状与分析包括各类绿地现状统计分析、城市绿地发展优势与动力、存在的主要问题与制约因素等。

（2）规划总则。规划总则包括规划编制的意义、依据、期限、范围与规模、规划的指导思想与原则、规划目标与规划指标。

（3）规划目标与规划指标。规划目标与规划指标包括城市绿地系统的发展目标和相关指标。

（4）市域绿地系统规划。市域绿地系统规划主要阐明市域绿地系统规划结构与布局和分类发展规划，构筑以中心城区为核心，覆盖整个市域，城乡一体化的绿地系统。

（5）城市绿地系统规划结构布局与分区规划。城市绿地系统规划应置于城市总体规划之中，按照国家和地方有关城市园林绿化的法规，贯彻为生产服务、为生活服务的总方针，布局原则应遵守城市绿地规划的基本原则。

4.2.2 案例（以郑州市为例）

4.2.2.1 城市概况及现状分析

（1）城市概况。

郑州市，简称"郑"，是河南省省会、中原城市群核心城市，国务院批复确定的中国中部地区重要的中心城市、国家重要的综合交通枢纽，地处华北平原南部，河南省中部偏北，黄河下游。郑州市北临黄河，西依嵩山，东南为广阔的黄淮平原。截至 2020 年，全市下辖 6 个区、1 个县、代管 5 个县级市，总面积 7 567 km^2，常住人口为 1 260.06 万人，城镇人口 987.9 万人，城镇化率 78.4%。

（2）绿地现状分析分析 —— 绿地类型与分布。

城市绿地是为城市景观提供自然异质性的绿色斑块或廊道，内涵包括各种形式的绿地。根据绿地斑块形成的主要成因，结合郑州市绿地建设实际，将绿地分为六大类型，即公共绿地、专用绿地、生产绿地、防护绿地、风景林地、道路绿地。

①公共绿地。公共绿地主要是以引进斑块为特色的人为干扰景观，不排除有些湖塘绿地是自然景观的可能，主要包括公园、绿化广场和街头绿地。近几年来，郑州市逐步将金水河、东风渠、熊儿河改建成滨河公园，建成了绿城广场、经纬广场、紫荆广场、绿茵广场、文化广场、文博广场、未来广场等 20 个广场；建成了汝河小区游园、桐柏路小游园、中医学院附院游园、商城游园、管委会街坊绿地等 17 处街头游园和街头绿地；建成紫荆山立交桥绿地、新通桥交桥绿地、大石桥立交桥绿地等 11 处立交桥绿地，结合历史文化名城保护，挖掘中原文化精髓，在古城墙边正在建设商城遗址绿地。

②专用绿地。专用绿地包括单位附属绿地和居住区绿地，这类绿色斑块在城市中占地比例大，分布广泛，与居民的生产、生活息息相关。

③生产绿地。生产绿地是以经济效益为主要目的，以培育绿色植物为主要手段，绿色植物占地比例居主导地位的干扰斑块。郑州市的园林苗木生产建设以国有苗圃为主，绿化企业苗圃基地为补充，集体、个人苗圃作调剂。近年来，随着郑州市城市绿化建设的突飞猛进，生产绿地的规模稳定并逐步扩大。国有苗圃充分发挥主渠道作用，积极繁殖培育苗木，引进适合本地生长的新品种，改良一些旧品种。同时一些绿化企业、集体、个人的苗圃也如雨后春笋般迅速发展起来。根据郑州市的土壤特点，郑州市生产绿地逐步形成以二苗圃（须水镇）及三苗圃（邙山）为中心的两个乔木、灌木生产区域；北部以陈寨花卉交易市场为中心，形成温室花卉生产销售区域；东部、南部的苗圃分散，主要生产一些一、二年生花卉。郑州市的生产绿地建设努力走生产与科研相结合、苗木自有与引进相结合的道路，依托省会大、中专院校的科研技术力量及时进行科技成果转化，为城市的绿化建设提供高质量的绿化苗木，为美化城市、改善环境奠定坚实了基础。

④防护绿地。防护绿地的形成既有自然因素又有人为干扰因素，既有引进嵌块体又有残留嵌块体，具有镶嵌度高、景观元素类型多种多样、异质性大的特点。

⑤风景林地。同防护林地一样，风景林地也是既有自然因素又有人为干扰的因素，也把自然引入城市中去，具有近自然的独特魅力的开放空间，可供居民游憩。同时，它可以保留本地物种，生物多样性丰富，生态结构复杂，对恢复、研究和维持本地区自然生态系统的协调与平衡具有无可替代的作用，因而还具有生态保护、景观培育、建设控制、自然遗产保护等功能。

⑥道路绿地。道路绿地属于绿色廊道，郑州市区道路绿地结构多为线状廊道，它既是植物生存的空间，又是某些物种的栖息地。目前，郑州市的许多路段的绿化达到了一街一景，如"樱花烂漫"的京广南路、"丁香一条街"的陇海西路、金海大道的广玉兰、百日红一条街的郑汴路等，营造了错落有致、各具魅力的视觉效果。在行道树栽植上，近年来，郑州市在发展郑州优势树种悬铃木、国槐的基础上，积极引进一些适合本地自然环境条件的行道树，如劳动路的枫杨、黄河迎宾路、红专路和兴华南街的白蜡等，均形成了不同的街道绿化特色。

4.2.2.2 郑州市绿地规划

（1）生态建设。

①生态环境建设目标。坚持生态优先的原则，妥善处理好城市建设与环境保护的关系，提高生态环境质量，把郑州市建设成为人与自然和谐共处的国家生态园林城市。

②生态网络。生态网络包括森林公园、风景名胜区、水源保护区、湿地保护区、农业生态区、河湖水系等。结合郑州的自然生态环境，构建"四带七廊多核"的市域生态网络体系。四带：北部沿黄生态带、中部山林生态带、南部生态带、南水北调中线工程生态带。七廊：建设七条南北向生态廊道。多核：由风景名胜区、旅游区、水源保护地、森林公园等构成市域生态核心。

③森林公园。完善以河南嵩山国家森林公园、郑州国家森林公园、新郑始祖山森林公园、河南嵩北森林公园、巩义青龙山森林公园、中牟森林公园为重点的生态森林公园建设。

④风景名胜区。依托各地特色风景资源，设立风景名胜区，包括河南嵩山风景名胜区、河南郑州黄河风景名胜区、浮戏山一雪花洞风景名胜区、环翠峪风景名胜区、新密黄帝宫风景名胜区等。

⑤湿地保护区。在黄河沿线划定黄河湿地保护区、雁鸣湖湿地保护区范围，保护野生动物及其栖息地，全面维护湿地生态系统的基本功能和生物多样性。

⑥生态农业区。加强以市域中、东部平原地区为主的生态农业区的保护，保护生物多样性，全面推进生态村建设，加强农村污染控制，合理施用化肥农药，控制禽畜养殖污染。

⑦河湖水系。按照建设生态型城市的要求，结合防洪除涝，构建六横六纵河渠、七中五小水库、两湖泊两湿地的生态水系格局，保护常庄、尖岗、坞罗、纸坊水库等水源地，治理伊洛河、贾鲁河双泊河、颍河、东风渠、西流湖、丁店、

唐岗等河湖水体，建设龙湖水系、南水北调中线工程。

（2）城市绿地。

①布局结构。中心城区绿地系统布局的重点是"两带、一环、四楔、两湖、七链"。两带：沿黄湿地特色生态景观绿化带、南水北调中线工程生态景观绿化带。一环：由北部连霍高速公路和贾鲁河生态防护林地，西部的环城高速防护林带，南部的浅山丘陵水源涵养防护林地、南四环防护林带和东部的京珠高速公路生态防护林带构成的环形生态隔离缓冲区。四楔：在城市的东北、东南、西北和西南建设四片由外部生态绿化环带渗入城市内部的楔形绿地。两湖：建设西流湖公园和龙湖中央公园。七链：沿贯穿城市的金水河、熊儿河、七里河、东风渠、潮河、须水河与贾鲁河七条主要河渠两岸建设带状开放型绿地。

②公共绿地。至 2020 年，规划公共绿地面积 70.4 km²，人均 14.1 m²。除原有公园绿地外，市内新建大型综合型公园 9 个，专类公园 13 个；沿城市道路、水系建设带状公园；按标准配建居住区公园绿地，按照 500 m 服务半径规划建设小游园、街头绿地。

③生产绿地。按人均 2 m² 标准，结合林带建设布局于城市外围。

④防护绿地。铁路两侧各控制 50 ~ 100 m 宽防护林带；高速公路两侧各控制不少于 100 m 宽防护林带；四环路两侧各控制 50 ~ 100 m 宽绿地；放射性主干路在三环以外两侧各控制 50 ~ 100 m 宽绿地；南水北调中线工程两侧各控制 200 m 宽绿地，其他河流水系两侧各控制 50 ~ 100 m 宽绿地；在工业用地与其他城市用地之间以及城市高压走廊、西气东输等基础设施管线两侧各控制 30 ~ 100 m 宽绿地。

4.3　城市绿地植物规划及案例

园林树木是城市园林绿化的重要物质基础。树种规划是城市园林绿地规划的一个重要组成部分。树种规划的好坏，直接影响到城市绿化的效果和质量。

生物多样性的生态功能价值是巨大的，它在自然界中维系能量的流动、净化环境、改良土壤、涵养水源及调节小气候等多方面发挥着重要的作用。丰富多彩的生物与它们的物理环境共同构成了人类赖以生存的生物支撑系统。

城市生物多样性、树种规划及古树名木规划为城市绿地植物规划的重要组成部分，此项工作通常由城市规划、园林绿化及有关科研部门共同配合完成。

4.3.1 城市绿地植物规划的基本要求

实现生物（重点是植物）多样性可促进城市绿地自然化，提高城市绿地系统的生态功能，其规划的基本要求如下所述。

（1）合理进行城市绿地系统的规划布局，建立城市开敞空间的绿色网络，将植物多样性的保护列入城市绿地系统规划和建设的基本内容，将城区内外的各种绿地视为城市绿地系统的有机组成部分，建立城乡一体化的环境绿化格局。

（2）大力开发利用地域性的物种资源，尤其是乡土植物，有节制地引进域外特色物种，防止有害物物种侵入，构筑具有地域区系和植被特征的城市生物多样性格局。

（3）提高单位绿地面积的生物多样性指数。城市地区可用于绿地建设的土地极其有限，因此，只能依靠单位面积物种数量的增加来提高城市绿地系统的生物多样性。

（4）增大城市绿地建设规模，促进公园等生态绿地的自然化，重视城市中地域性自然植物群落的构成；在公园设计上，选择适应当地气候、抗逆性强的乡土植物，尤其是优势种，进行人工直接育苗和培育。

（5）改善以土壤为核心的立地条件，提高栽培技术和养护水平，促进绿化植物与城市环境相适应。

（6）古树名木能够反映城市的历史和文化，具有重要的人文和保护价值。对城市现存的古树名木进行有效的保护是城市绿地系统规划的必要内容。

（7）城市绿地植物规划是城市绿地系统规划的一个重要内容，核心是对城市区域范围内的植物多样性进行保护和建设、城市园林绿化应用植物种类规划以及对城市古树名木进行有效的保护规划和指导，以保证城市绿化应用植物物种选择恰当，植物生长健壮，使绿地早日发挥较好的生态效益。

4.3.2 生物多样性保护规划

生物多样性包括三个层次：基因多样性、物种多样性和生态系统多样性，是个宏观的生态概念。对于人口集聚、产业发达的城市地区，除了在市域远郊区一些特殊的自然生态保护区（如较大规模的次生林地等）里还能保持较为原始的生物多样性以外，大部分的城镇建成区是以人工生态环境为主。城市化的结果往往造成生态系统均质化、遗传基因单纯化。生物多样性主要表现为物种的丰富性，又由于大多数野生动物和微生物对于城市的环境污染难以承受,基本迁移或消失,因而城市绿化植物多样性的保护和培育就显得尤其重要。

生物多样性保护规划工作不能局限于城市内部,而是要站在区域的角度,从植物分布区系的背景下,对整个市域乃至区域范围进行保护规划思考。首先,要在充分调研现状的基础上,进行客观的分析;其次,要确定合理的保护与建设的目标与指标,并进行物种、基因、生态系统、景观多样性等多层次的规划;最后,还要提出相应的生物多样性保护的措施与生态管理对策,以及珍稀濒危植物的保护与对策等,以确保规划内容的实施。

4.3.3　树种规划

4.3.3.1　树种规划的原则

所谓树种规划,就是通过调查研究选择一批适应本地自然条件、能满足城市绿化不同功能要求的树种,并做出全面适当的安排,使其发挥良好的功效。树木是要经过多年的培育生长,才能达到预期的绿化效果的。如果树种选择不当,树木生长不良,往往需要多次更换树种,不仅造成人力、物力和财力的浪费,还会使城市绿化面貌长时间得不到改善。树种规划应遵循以下原则。

(1)要最大限度地满足城市园林绿化多种综合功能要求。城市景观、生态功能和经济效益既要统筹兼顾,又要有所侧重。要结合城市的性质和特点来考虑植物材料的选择,尽可能体现地方特色。

(2)坚持“适地适树”,以乡土树种为主,同时也积极选用一些经过考验的外来树种和新优树种(及品种)。乡土树种对本地的土壤气候等环境条件适应性最强、苗源多、栽培易,能体现地方特色,应选择城市绿化的主要树种。为了丰富园林绿化树种,提高园林绿化质量需要选用经过长期考验,证明已基本适应本地生长条件的树种,如白兰花、大王椰子在广州,杧果、凤凰木在南宁,雪松、广兰、悬铃木在长江流域的广大城市,都得到广泛的应用。必须注意切不可不顾自然条件,大量地栽种无把握的外来树种。它们必须经过试验,成功后才能逐步推广。有时在植物苗圃表现良好的树种不一定能在街道、广场、工厂等地方也生长良好,因此,对新引进的品种要更加慎重。新建的城市可以通过调查走访,引用附近自然条件相近的城市绿化树种。

(3)重点树种以乔木为主,一般树种要丰富,做到乔木、灌木、藤木及地被植物相结合。乔木树体高大、覆盖面广、寿命较长,对保护城市环境、美化市容和结合生产等方面效果较好，而且长期稳定，因此，树种规划应放在乔木的选择上，但也不能因此而忽视藤木和地被植物，它们在园林绿化中的作用也是不可代替的。没有它们，就很难实现丰富的园林景观，也很难形成多层次的人工植物群落。

（4）速生树种与慢长树种相结合，并逐步过渡到以长寿树为主。速生树对加速城市绿化，短时间内改变城市面貌起很大作用。但速生树种往往寿命较短，不到几十年就衰老了，需要更换，这对城市景观和交通都有所影响。因此，有一定绿化基础的城市要注意发展珍贵长寿树种，尤其一些直接反映城市面貌的主要广场的绿化，更要多用长期稳定的珍贵长寿树种。一般情况下，新建城市的初期应以速生树和长寿树为主。

（5）常绿树与落叶树相结合。园林绿化树种的选择不论是从防护要求还是从景观要求，都要做到常绿树与落叶松适当搭配。考虑到各地特点和自然植被的分布规律，南方以常绿树为主，北方以落叶树为主。同样是常绿树，南方主要是常绿阔叶树，而北方主要是常绿针叶树。以街道绿化中的行道树为例，不论是南方还是北方，夏季普遍炎热，需要遮阴，但到了冬季，则除了华南以外的大部分地区都比较寒冷，行人愿意晒到太阳，因此，长江流域及其以北地区的行道树，应以落叶树为主，但考虑到街景的需要也要适当配植一些常绿树。即使在华南地区，也不要全种成常绿树，搭配一些落叶树可以给城市增加色彩和季相的变化。而南方的常绿树也不要全是常绿阔叶树，可适当用一些棕榈类和常绿针叶树，如南洋杉、罗汉松、柳杉等，这样可使园林景观更加丰富多彩。

4.3.3.2 树种规划的方法和步骤

城市树种规划是相当复杂而繁重的任务，必须从广泛深入的调查研究入手，总结实际栽培经验和现场观察所得结果，加以分析研究，从而做出比较合理的规划方案。树种规划的具体方法和步骤如下所述。

（1）调查了解当地的自然条件，尤其是气候、土壤、植被的特点以及工业污染的程度等，找出绿化植树的有利因素和不利条件，这样就会为树种规划工作做好思想准备，做到心中有底。

（2）调查本市各园林绿地的现有树种状况。这是摸清家底的工作，十分重要。树种调查以栽培树种为主，但也要结合调查附近山区和郊区的野生树木及植被情况。调查项目包括树木种类、生长状况、抗逆性、出现频度和应用方式等。如果时间有限，工作重点可放在大树和古树的调查上，这是选择骨干树种的重要依据。

此外，如能对现有苗圃的苗木种类及生产状况进行走访调查也是很有益的。

（3）在树种调查的基础上，编制出城市树木名录，该名录通常按科属系统排列。然后对名录中的树种进行必要的分析统计，得出科、属、种数量，以及裸子植物、被子植物，落叶树、常绿树，乔木、灌木、藤木等的数量和比例。

（4）查阅有关历史资料，如县志、府志等，调查树种的历史，这对做好树种规划有一定参考价值。

在上述调查研究的基础上，制定树种规划的初步方案，然后广泛征求意见，修改定案。方案确定后，要报有关部门批准执行，一个规划方案的好坏要通过实践来检验。方案在执行过程中，还可以根据具体情况做必要的局部修改或调整。

4.3.3.3　树种规划的主要内容

（1）重点树种和一般树种的确定。

作为城市绿化重点的基调树种和骨干树种要少而精，力求准确、稳妥。重点树种要选用对不良环境适应性强、病虫害少、大苗移植易活、栽培管理简单、绿化效果好的树种。每个城市应有经过审慎选择的基调树种 1～4 种，形成城市绿化的基调，同时还应选择骨干树种 5～12 种（或更多）。至于一般树种，可根据具体情况选用 100 种左右或更多。总之，树种选择要做到既重点突出，又丰富多样。

有些城市，特别是大城市，还要做出不同地区及不同类型绿地的详细树种规划，如街道广场、工矿区、居民区、机关学校、公园和风景区（山区、水边）绿化的树种规划，通常各类型绿地都要有骨干树种 5～12 种或更多。

（2）技术经济指标的确定。

通常要制定乔木与灌木、常绿树与落叶树、针叶树与阔叶树、速生树与长寿树的种植比例，同时还要有近期和远期的不同安排，合理规划树种的种植比例，既有利于提高城市绿化的质量，也便于指导苗木的生产。通常在城市绿化建设的初期，尤其是北方城市，落叶树和速生树的比例宜大些，若干年后再逐步提高常绿树和长寿树的比例。

①推荐城市绿化应用植物通常在树种规划中，还应进行"城市园林绿化应用植物名录"的编制工作，它包括在该城市推荐应用的乔木、灌木、藤木、花卉和地被植物种类。

②配套制定苗圃建设、育苗生产和科研规划城市苗圃建设规划，通常以市、区两级园林绿化部门主管的生产绿地为主。有了好的树种规划方案，城市苗圃就可以按要求制定育苗规划，从而更科学、合理地进行育苗、引种和培育各种规格

的苗木，以满足城市绿化建设的需要。

4.3.3.4　树种规划案例

以澄江市国家森林城市树种规划为例进行介绍。玉溪市澄江市地处于滇中地区，市域呈"七山两水一分坝"的格局。市域内河流湖泊丰富，南拥抚仙湖，东临南盘江，全市河道沟渠交错纵横，水资源丰富。属中北亚热带低纬度高原季风气候区，月均温 8.3～20.5℃，年降雨量 945 mm，肥沃的红壤广布，适宜滇中区域大多数植物生长。境内山体高差明显，海拔相对高差 1 492 m，半湿润常绿阔叶林较典型，水平和垂直植物区系特征明显，植被类型较丰富。

该地区树种规划主要从以下几个方面开展。

（1）基调树种规划。

根据基调树种规划原则，一是选择生长良好的乡土树种，于古树名木中选取观赏性乔木，为滇朴、球花石楠 2 种；二是选择澄江市城市绿地系统规划中运用且表现好的基调树种，为小叶榕、香樟、山玉兰 3 种常绿乔木；三是选择能展现澄江市低纬度亚热带高原季风气候地带性特征、乡土风貌的树种，选择落叶观花乔木紫玉兰 1 种。常绿与落叶树种比例为 4∶2，观花、观叶与观形树种比例为 2∶1∶3，均为长势好且有代表性的乡土树种，共计 6 种。

（2）骨干树种规划。

根据骨干树种规划原则，一是选择乡土树种中观赏性较高的树种，具体为云南山茶、黄连木、侧柏、蓝花楹共 4 种；二是结合澄江市森林城市规划和绿地系统规划，选择其中观赏性高、适应性强的树种，具体为白玉兰、桂花、滇润楠、紫叶李、雪松、柳杉共 6 种；三是运用当地地理环境下表现良好的观赏性乔木，具体为银杏、广玉兰共 2 种。常绿与落叶树种比例为 1∶1，观花、观叶与观形树种比例为 5∶4∶3，均为长势好且有代表性的乡土树种，共计 12 种。

（3）一般树种规划。

根据一般树种规划原则，澄江市树种规划主要考虑丰富景观层次，类型包括乔木、灌木、地被、藤本。乔木主要为澄江市生长状况良好且观赏特性良好的乡土树种，灌木、地被及藤本为澄江市常用植物，及相似环境下长势较好的树种。乔木类选择冬樱花、云南樟、栾树等 21 种；灌木类选择杜鹃、云南含笑、紫叶小檗等 16 种；地被类选择波斯菊、头花蓼、红花酢浆草等 12 种；藤蔓类选择常春藤、紫藤、迎春花等 6 种。

（4）市花市树规划。

根据澄江市绿地系统规划内容，澄江市经过调查、规划、评审、备案、运用等程序，推荐市树为黄葛榕和重阳木，市花为荷花和云南樱花。

总之，城市树种规划需结合城市植被生活型谱、自然群落种间关系、植物生长特质、地带特征、乡土植物资源等条件，确定拟建人工群落的乔灌草比例、植物组合方式、适生植物种类，搭配出最能展现城市景观风貌、维护生态稳定、反映乡土文化特色的城市森林景观。但树种规划中也存在一些问题，首先，对乡土树种的界定缺乏具体标准，云南乡土植物与澄江市乡土植物差异小，本地特色园林植物资源少。其次，原地带性植物恢复难度较大，城市面山原自然林已退化为耕地，原野生树种引种驯化较少，无法恢复原生植被景观。最后，城市化下建筑密集、土地硬化等导致种植空间受限。建议各城市适当引种适应当地环境的外来物种，并合理配植当地乡土植物，保护好生态脆弱地植物群落，增加乡土植物资源储备，在城市人居环境规划时合理预留绿地空间。

4.3.4　古树名木保护规划

4.3.4.1　古树名木保护规划的意义

古树名木是一个国家或地区悠久历史文化的象征，是文化遗产，具有重要的人文价值与科学价值。古树名木不但对研究本地区的历史文化、环境变迁、植物种类分布等具有重要意义，而且是独特的、不可替代的风景资源。因此，保护好古树名木，对于城市的历史、文化、科学研究和发展旅游事业都有重要的意义。

城市古树名木保护规划，属于城市地区生物多样性保护的重要内容之一。规划编制要充分体现市区现存古树名木的历史价值、文化价值、科学价值和生态价值。结合城市实际，通过加强宣传教育，提高全社会保护古树名木的群体意识。要通过规划，完善相关的法规条例，促进形成依法保护的工作局面；同时，指导有关部门开展古树名木保护基础工作与养护管理技术等方面的研究，制定相应的技术规程规范；建立科学、系统的古树名木保护管理体系，使之与城市的生态建设目标相适应。

4.3.4.2　古树名木保护规划的内容

城市古树名木保护规划涉及的内容主要有以下几个方面。

（1）制定法规通过充分的调查研究，以制定地方法规的形式对古树名木的所属权、保护方法、管理单位、经费来源等做出相应规定，明确古树名木管理的部门及其职责，明确古树名木保护经费来源及基本保证金额，制定可操作性强的奖励与处罚条款，以及科学、合理的技术管理规程规范。

（2）宣传教育通过政府文件和媒体、计算机、网络，加大对城市古树名木保护的宣传教育力利用各种手段提高全社会的保护意识。

（3）科学研究包括古树名木的种群生态研生理与生态环境适应性研究、树龄鉴定、病虫害防治技术研究等方面的项目。

（4）养护管理要在科学研究的基础上，制定出全市古树名木养护管理工作的技规范，使相关工作逐渐走上规范、科学的轨道。

4.4 城市绿地管理信息化技术及案例

4.4.1 背景

4.4.1.1 城市园林绿化管理的模式

城市绿地是城市结构中自然生产力的主体。它在城市绿地系统中发挥着至关重要的作用，是衡量社会效益与生态环境的重要指标。近年来，随着生活水平的提高，生活环境逐渐被破坏，环境保护的重要性得到了体现。城市绿地作为人们生活的主要区域，在改善生态环境和保持景观独特性方面起到至关重要的作用，因此对城市绿地的管理也变得极为重要。

（1）传统模式。

过去园林绿化信息多使用纸质资料来管理，当制定园林植物管护措施或查阅已建成项目相关的设计方案、合同、可行性研究报告等资料时，阅读纸质材料、文件等通常需要花费大量的时间和人力。有些管理不健全的单位没有建立绿化档案或将其丢失，给后来的管理者带来很多麻烦。可以看出，传统的园林绿化管理方式极大地制约了城市绿地的发展。各类园林绿化数据更新迅速，园林绿化分类复杂，管理难度大，传统的园林绿化管理方式存在较多缺陷。

（2）信息化管理模式。

城市数字园林信息系统实现了对城市绿化现状的准确定量评估，帮助城市园林绿化主管部门摸清家底。同时，数字园林信息系统为城市园林绿化评价和监督，以及项目选址和决策提供技术支持，对园林绿化信息进行科学的分析管理并提取有效的数据运用到绿化管理中去，实现园林绿化管理工作科学化、高效化运行。

4.4.1.2　城市园林绿化信息化管理的紧迫性

《国家园林城市申报与评审办法》、《国家园林城市标准》和《城市园林绿化评价标准》等明确将"城市园林绿化管理信息技术应用"作为等级考核指标。数字化城市绿地系统的建立改变了传统烦琐、繁重的管理模式，使城市绿地管理更加准确、快捷、简洁。

4.4.2　数字园林信息系统

4.4.2.1　相关概念

（1）城市园林绿化的概念。

城市园林绿化包括城市园林和绿化两个方面的概念，城市园林是指在一定的区域中使用花卉、营造建筑、布置园林道路和设置水景等方法而形成的自然环境和休闲区；而绿化主要是指通过种植植物来改善城市生态环境的工作，工作内容包括城市绿地建设以及对城市原始植被的维护。

（2）城市园林绿化管理的概念。

城市绿化管理是指依法对城市各种绿地、林地、公园、风景名胜区和苗圃进行建设、维护和管理。城市园林绿化管理的主要内容包括园林绿化的规划管理、建设管理、产权管理、监督管理以及城市公园的管理和城市古树名木的管理。

（3）数字园林信息系统概念。

数字园林信息系统就是通过普查工作，收集各种园林绿化信息，形成集图、数、表一体化的数字园林地图。在此基础上，结合工作需求，开发相应的应用软件。它实现了图形、数据和表格的集成，实现了城市园林绿化信息的图形显示和查询，并提供灵活的查询统计功能，为实际工作提供更直观、科学的服务。

4.4.2.2　数字园林信息系统的主要功能

数字园林信息系统主要是为了解决园林绿化管理工作中城市园林规划设计和项目建设管理、园林绿地日常养护等一系列工作内容，借助数字园林平台，实现园林绿化管理工作多项工作一体化管理。

（1）城市园林绿化绿色信息的获取。

借助数字园林信息系统，管理各种园林绿化信息资料以及园林绿化管理过程中涉及的各种基本资料和日常管护技术信息，以及图片、建设规划历史资料等都可以及时、高效、准确地提供给城市园林绿地的建设和管理者；可以利用数据分析的结果为园林绿化建设项目的决策提供科学依据。

（2）城市园林绿化管理辅助决策。

城市园林绿地分类与城市园林绿化定量评价等技术方法。实现城市景观的准确定量评估；可以结合科学评价城市绿化的现状；辅助城市园林绿化作业监督工作提高了决策的准确性和效率。

（3）城市园林绿化信息共享。

各部门的园林绿化管理者可以使用数字园林系统传阅各种城市园林绿地系统资料。

（4）电子政务。

政策制定者和管理者使用数字园林系统交流园林绿化信息、共享园林相关资料。部门内部实现办公自动化或电子政务。办公自动化是在部门内部实现的或者通过互联网实现的电子政务。

综上所述，该系统具有一定的空间分析能力和海量数据管理功能，能够对城市园林绿化进行准确的定量评估，以协助城市园林建设项目决策，实现信息共享。

4.4.2.3　数字园林信息系统构建的方法体系

数字园林信息系统的构建应统一系统内部的规范，在系统建设之前应当制定相应的标准。将园林产业的相关行业标准和管理规范与现行国家标准和规范相结合，进一步规范园林绿化信息技术的应用，数字园林系统标准化体系的建立还可实现与其他系统的衔接。

4.4.2.4　国内外数字园林信息系统研究现状

（1）国外数字园林系统研究现状。

在美国、新加坡、日本、加拿大等国家，GIS 在科学研究和实践应用领域，都取得了广泛发展。美国城市园林的管理从 20 世纪 70 年代起就用计算机管理，利用计算机管理程序对城市森林的树种、位置、数量、树龄、生长状况、经营措施、经营强度等进行分区分片管理。新加坡国家公园局对其所管辖的每一棵树都建立了数字化的信息档案，通过计算机检索就能对全国的观赏植物品种、数量及生长状况有比较全面的了解。日本东京利用高精度卫星影像构建空间数据库，对中心区绿地进行了分析；Makoto Yokohari 等通过应用地理信息系统与遥感技术对亚洲超大型城市的城乡交错带的绿地功能进行了评价。近年来，GIS 在生态模型建立、城市管理与规划、土管、社会经济统计等领域有一定的研究和应用。美国资源部建立了土地 GIS 系统，针对土壤侵蚀问题进行治理。风景园林规划部门借助 GIS 建立专题 GIS 系统和区域信息管理系统。土耳其学者 Aylin 针对安塔克亚的绿地状况制作了提供分析、查询等决策辅助功能的系统。美国马萨诸塞州为加强绿道、开放空间和铁路沿途绿化，建立了所有绿地的资源信息库并提供查询统计等功能。

综上所述，国外利用数字化信息系统在建立模型、不同城市的管理与规划、各种数据的统计分析、管理土地资源、对道路和交通的监督管理，在地质的勘测和管理上都有广泛的应用。经过近半个世纪，它从最初的科学运算工具已经发展到现在的综合的信息管理和决策系统，促使园林的管理技术和研究手段发生了很大的变化。园林作为林业的一个分支，其管理方式也逐渐从手工方式向计算机管理过渡。

（2）国内数字园林系统研究现状。

在国内城市园林绿化领域内，上海、北京、武汉、深圳、哈尔滨、丽水、张家港、株洲等几个大中城市陆续开展以地理信息系统（GIS）技术为核心的城市园林绿地系统数字化管理研究。

在我国 GIS 的研究和应用起步较晚，但发展势头迅猛，相关领域成果层出不穷。在系统构建方面，任兆慧详细分析了发展趋势和在城市绿地方面的应用后，以计算机技术特别是遥感和地理信息系统技术为支持，探索构建了园林绿地信息管理系统。刘晓娟详细介绍了郑州市园林绿地管理信息系统构建的过程。吕国梁在福建龙岩园林局支持下，致力于集标准体系建设、园林绿化数据库建设、数据库建设内容、综合管理系统建设、数据浏览、数据查询、工作流管理、组织机构管理、系统运维管理、日志管理于一体的园林绿化数字化管理系统。徐新良通过城市绿地覆盖调查较详细地介绍了运用遥感和地理信息系统技术进行城市绿地覆盖调查的方法、技术流程以及其优点，认为利用和技术进行城市绿地覆盖调查是一种可行的先进技术手段，能够提供具有客观事实依据的、反映城市绿化覆盖现状的数据和专题图，调查结果能够为城市园林绿地计算机管理建成高效的信息平台。

综上所述，目前关于数字园林信息系统建设及应用的研究整体上还比较碎片化、零散化，尚未形成一个成熟、完整的理论体系，基于系统的研究应用所具有的学术价值探讨不够深入。大中城市利用数字园林系统在园林绿化管理方面各有侧重，大多数城市仅停留在数据收集阶段，对于行业监督管理、辅助领导决策、公众服务方面的应用涉及较少。它们之间存在共性，但由于行政管理、政策法规等的不同，各个城市应根据当地实际情况来构建园林绿化信息系统，因此开创自己独有的城市绿地信息系统更适合其城市的绿地管理。

4.4.2.5 数字园林管理体系建设研究前景

随着经济的飞速发展，生态环境也在一定程度上遭到破坏，对城市绿地进行合理规划管理，优化城市绿地空间结构，美化城市、提高人们生活质量，使城市绿地更好地发挥其作用。城市园林绿化可以反映城市文明程度、彰显特色风貌、提高城市空间品质，是优化人居环境的重要载体。将信息化技术运用到园林绿化管理工作中，是推动城市园林绿化向规范、专业、精细、科学的方向发展，有效提高城市园林绿化管理水平的必然选择。

4.4.3 案例分析

4.4.3.1 枝江市数字园林信息系统的应用

（1）枝江市建成区绿化覆盖整体水平统计。

对整个城市建成区各类用地的绿化覆盖情况进行统计分析，要计算整个城市各类型的面积、绿化覆盖面积及绿化覆盖率。分析结果信息包括图层图斑面积、绿化面积及绿化率并以饼图和柱状图展示。经系统分析结果显示：

①建成区绿化覆盖率为 39.19%，建成区绿化覆盖总面积为 799.87 hm^2，建成区总面积为（不含农田、水体）2 041.00 hm^2。

②单位用地园林绿化面积、园林绿化覆盖面积最多，生产绿地最少，居住绿地、道路绿地、公园绿地次之。

③根据饼状图可以直观地看出枝江市城市各类城市绿地构成的比重，通过比对分析，单位绿地在城市用地中所占比重最多，比值为 37%；比值在 10% 以上的有居住绿地、道路绿地、公园绿地。

（2）公园覆盖面积统计。

通过公园覆盖分析，了解枝江市建成区内公园覆盖范围。

（3）任意区域园林绿化覆盖面积统计。

对枝江市建成区范围内任意地点进行区域园林绿化覆盖。

（4）公园服务半径覆盖范围统计。

通过设置公园的服务半径，对建成区内的所有公园进行服务半径覆盖分析，并计算出覆盖区域内各类型用地的绿化覆盖情况，从而对公园的服务效率进行评价，对未来新建公园的选址提供了科学依据。

（5）系统在公园建设方面的应用。

①公园智能选址推荐。在公园项目建设过程中，可以为公园的选址提供具有建设性的意见。

②公园入口点分析。系统可以为公园入口点的选择提供参照点。

（6）系统在古树名木保护方面的应用。

利用数字园林信息系统，可以对古树定位，并记录古树名木的信息及其生长状态，建立古树名木档案，并记录古树名木的养护资料、养护情况等。

4.4.3.2　枝江市城市园林评价

枝江市城市园林评价结果可以计算城市绿化等级，得到城市的园林城市或生态城市符合情况，了解城市园林绿化现状。

4.4.3.3　枝江市园林绿化工作业务管理

以枝江市城市园林情况统计分析为例，分析枝江市数字园林系统辅助决策功能的应用。借助数字园林系统，可以实现枝江市园林绿化海量信息数据的合理利用，并通过专业分析为管理决策提供技术支持和客观依据。

（1）园林绿化动态监测与监督管理。

①三线"保护监测"。对城市绿线、紫线、蓝线进行分析。

②预警管理。分析城市园林绿化状况是否达到绿化标准的判断。

③城市绿地动态监管。定期通过航拍图监管城市绿地的变化，记录园林绿化城市整体绿化情况以及多年来的绿化变化趋势，及时获取城市绿地的动态信息。

（2）城市园林绿地养护管理。

数字园林系统可以提供绿化养护资料库、病虫害资料库，为植物的绿化养护提供科学的参考意见；系统记录平时的养护过程及养护信息为养护管理提供依据，养护管理人员可以合理地安排浇水、施肥和病虫害防治等日常管理工作。利用数字化信息系统为城市园林绿地的日常管护提供及时、高效、准确的信息，避免盲目性，提高经济、生态和社会效益。园林绿化养护管理方面更加科学化、高效化。

（3）园林绿化建设项目成果管理。

在数字园林系统的帮助下，行政审批管理和行业信息交换是园林绿化信息管理工作的重点。

（4）信息共享。

园林绿化管理部门的行政管理、对外窗口和市民是数字园林信息系统服务的主要对象。借助数字园林系统和现代化的信息技术，可以随时更新和互传各种城市园林绿地系统资料，通过互联网获取枝江市城市园林绿地系统的实际状况，实现园林绿化相关行业之间信息资源的整合与共享。

4.4.3.4　城市园林数据制图

园林绿化信息查询结果、园林绿化分析结果等可以以园林专题图的形式输出。

4.4.4　小结

建设城市绿化管理信息系统能够实现城市植被地理分布的信息管理，提高城市绿化管理效率，在城市绿化管理中，很多管理内容和管理任务都是与地理分布有关的，在各项管理中存在大量杂乱的、分散的资料和数据，因此建立城市绿化管理信息系统，并通过与 GIS 技术和数据库技术相结合能够有效地分析如此庞大的数据，并为城市绿化管理提出建议奠定基础。

第5章　城市公园绿地规划设计

5.1　综合公园及案例

5.1.1　综合公园设计

5.1.1.1　综合公园的功能

综合公园是城市公园系统的重要组成部分，是城市居民文化生活不可缺少的重要场地，它不仅为城市提供大面积的绿地，而且具有丰富的户外游憩活动内容，适合于各种年龄和职业的城市居民进行一日或者半日游赏活动。它是群众性的进行文化教育、娱乐、休息的场所，并对城市面貌、环境保护、社会生活具有重要作用。综合公园除具有绿地的一般作用外，在丰富城市居民文化、娱乐、生活方面的功能更为突出。

（1）政治文化方面。

综合公园能够为宣传党的方针政策、介绍时事、举办节日游园活动、中外友好活动、集体活动（尤其是少年、青年及老年人组织活动）提供合适的场所。

（2）游乐休憩方面。

综合公园全面照顾各年龄段、职业、爱好、习惯等的不同要求，设置游览、娱乐、休息设施，满足人们的游乐、休憩需求。

（3）科普教育方面。

综合公园是宣传科学技术新成果，普及生态知识及生物知识的良好场所，通过公园中各组成要素潜移默化地影响游人，寓教于游，提高人们的科学文化水平。

（4）运动健身方面。

由于现代人们对于身心健康的要求越来越多，可根据不同年龄层对运动健身的不同需求，综合公园设置锻炼、健身的设施，满足各类人群的需求。

5.1.1.2　综合公园的类型

在我国，根据综合性公园在城市中的服务范围将其分为两种。

（1）全市性公园。

全市性公园为全市居民服务，是全市公园绿地中面积最大、活动内容和游憩设施最完善的绿地。全市性公园面积一般为 10 hm² 以上，随市区居民总人数的多少而有所不同。其服务半径为 2～3 km，步行 30～50 min 到达，乘坐自驾车 10～20 min 可到达，如上海长风公园、北京朝阳公园、上海浦东世纪公园等。

（2）区域性公园。

区域性公园在面积较大、人口较多的城市中，为一个行政区的居民服务，面积一般在 10 hm² 以上，特殊情况也可在 10 hm² 以下，如上海徐家汇公园、北京海淀公园、北京紫竹院公园等。

5.1.1.3　综合公园的活动内容与设施

（1）休憩游乐。

按游人的年龄、爱好、职业、习惯等不同要求，综合公园内科安排各种活动内容，如观光游览、安静休息、园艺参与、儿童活动、老年人活动和体育活动等，让游人各得其所。

（2）文化、科普教育和生态示范展示。

通过展览、陈列、广播、影视、科技活动、演说及相关设施内容，对游人进行潜移默化的政治文化和科普教育，寓教于游，寓教于乐，如北京红领巾公园。以保留或模仿地域性自然生境来建构主要环境，以保护或营建具有地域性、多样性和自我演替能力的生态系统为主要目标，提供与自然生态过程和谐的游览、休憩、实践等活动的生态园林展示区域，以达到宣传教育生态环境建设的目的。

5.1.1.4　综合公园规划设计

综合公园的设计由于其功能综合，除了包括文中所提到的公园共有的设计内容外，还根据不同适用人群和不同需求增添丰富的内容。以下设计要点值得注意。

（1）功能分区要点。

在功能分区方面，综合公园由于其功能的综合性和内容的丰富性，往往比一般社区公园和专类公园的功能分区多样，出现一些结合时代发展需要的功能体验区。例如，北京朝阳公园的湿地生态区、当代艺术馆、体育中心、欢乐世界等。

（2）儿童活动区要点。

①该区位置一般靠近公园主入口，便于儿童进园后能尽快到达区内开展自己喜爱的活动。避免儿童入园后穿越其他功能区，影响其他区游人的活动。

②儿童活动区的建筑、设施要考虑到少年儿童的身高，并且造型新颖、色彩鲜艳；建筑小品的形式要适合少年儿童的兴趣，富有教育意义，最好有童话、寓言的内容或色彩；区内道路的布置要简洁明确，容易辨认，最好不要设台阶或坡度过大，以方便童车通行。

③植物种植应选择无毒、无刺、无异味的树木、花草；儿童活动区不宜用铁丝网或其他具有伤害性的物品，以保证活动区儿童安全。儿童活动区周围应考虑种植遮阴林木、草坪、密林，并提供缓坡林地、小溪流、宽阔的草坪，以便开展集体活动及遮阴。

（3）园路规划要点。

在宽度、线形、铺装形式上要有明确的主次关系，以产生明确的方向性。还应注意道路交通性与游览性的平衡关系，公园中的道路是以游览为目的的，故不以捷径要求为准则，但主要道路应满足基本的行车及安全要求。园路设计还要合理地安排道路起伏、曲折变化和路网的疏密度，力求做到因地制宜，整体连贯。

（4）种植规划要点。

全园树种规划应有 1～2 种基调树种，在不同景区有不同的主调树种，形成不同景观特色，但相互之间又要统一协调。基调树种能使全园绿化种植统一起来，达到多样统一的效果。

在大型公园中，还可以设多种专类园，如牡丹园、丁香园、月季园、梅园等，以使不同时期有花可观，起到很好的科普教育作用。

树木的种植形式有孤植树、树丛、树群、疏林草地、空旷草地、密林。林种有混交林、单纯林，但应以混交林为主，以防病虫害蔓延，一般在 70% 以上。此外，还应有防护林带、行道树、绿篱、绿墙、花坛、花境、花丛等。花木类只能重点使用，起画龙点睛的作用。

公园的绿化以速生树、大苗为主。速生树与慢长树相结合，密植与间伐相结合，乡土树种与珍贵树种相结合，近期与远期兼顾，形成各类型公园的特有景观。

（5）竖向规划要点。

综合公园由于其占地规模大，在规划设计时通常会考虑运用山水来组织空间。山水的规划设计布局主要从位置、构成、景观等方面来考虑。

①山体的位置。公园中山体的位置安排主要有两种形式。一种是作为全园的重心。这种布局一般在山体的四周或两面都有开敞的平地和水面，使山体形成大空间的分割，构成全园的构图中心，与全园周边的山体呼应。另一种是居于园内

一侧，以一侧或两侧为主要景观面，构成全园的主要构图中心，如北京奥林匹克森林公园的仰山。

②山体的构成。公园须借用山体构成多种形态的山地空间，故要有峰、有岭、有沟谷、有丘阜。既要有高低的对比，又要有蜿蜒连绵的调和。山道设计须以"之"字形回旋而上，并要适时适地设置缓台和休息兼远眺、静观的亭、台等休憩建筑设施。

③公园水体景观。在与建筑、构筑物的关系上，公园中集中形式的水面也要用分隔与联系的手法，增加空间层次，在开敞的水面空间造景，主要形式有岛、堤、桥与汀步、水岸。

5.1.2 综合公园案例（邯郸市沙滩公园南湖）

5.1.2.1 地理分析

邯郸市南湖沙滩公园位于河北省邯郸市邯山区马庄乡南河边。邯郸市南湖公园东南侧是滏阳河水入南湖处，水质良好，具有优越的交通及地理位置。东侧550 m 是邯郸市主干道——中华大街，且距离京港澳高速入口仅 10 km。以南湖湿地公园为基础，积累了浓郁的休闲游览底蕴。南湖沙滩公园占地面积为 6.8 hm²，滏阳河常水位线 18.65 m，最高控制水位 19.65 m，场地内是地势平坦的空地，西邻滏阳河，北邻南湖湿地公园，东部规划的居住区；周围居民缺少户外活动公共场所。场地周围均有完善的道路系统。

5.1.2.2 文化特色

（1）"以人为本"的原则。

在设计中应充分考虑到"以人为本"的原则，首要问题是解决人和环境的和谐相处的问题。南湖沙滩公园的整体方案设计中，要注重沙滩与整体功能相协调，沙滩服务于功能，功能服务于游客，在设计上，要体现对游人的充分考虑，充分考虑人的行为及心理特征，最终达到"以人为本"的目的。

（2）传承地方文化的原则。

在设计前应先深入了解邯郸市文化内涵，将邯郸地域文化特色、文化内涵融入沙滩公园设计中，更好地凸显出城市的文化特色，既让城市显得绝无仅有，又增添当地人群的荣誉感和归属感。

5.1.2.3 总体构思

邯郸市南湖沙滩公园的总体设计方案，在尊重场地及周边环境的基础上，以沙滩为主题展开设计，融入邯郸市独特的赵国文化，将各功能分布在公园内，形成以沙滩为核心景观的方案设计。结合沙滩公园设计方法，将景观、沙滩、建筑、小品设施等相结合，给游人完整连续的视觉体验。总体设计从自然的角度出发，考虑功能的完整性、空间安排的合理性及景观的连续性。注重人性化设计，针对不同年龄的人群设计相应的个性化场地，加强游人与沙滩公园的互动，提升公园的整体品质及游人的户外活动的质量。

5.1.2.4 功能分区

根据南湖沙滩公园的现状并结合周边市民的活动需求对公园的功能布局进行合理的安排，将该公园划分为入口区、沙雕娱乐区、园物管理区、老年活动区、文化宣传区、安静休息区、滨水景观区等七个功能分区。

（1）入口区。

入口区在沙滩公园中具有重要的集散功能。入口区由东入口、北入口、东次入口及南入口四部分组成。主入口广场以自然式丛植为主，高层采用悬铃木等乔木进行配置，中层以二乔玉兰、白玉兰、观赏苹果等作为点缀，低层以灌木丰富植物层次，与广场相协调形成景观轴线。

（2）沙雕娱乐区。

从邯郸市的文化底蕴出发，结合沙滩公园的特点形成了成语沙雕游园。从成语入手建设独特的沙雕展示区，沙雕娱乐区由成语沙雕园和观景园两部分组成，在沙雕娱乐区东部设置观景园，便于游人休息，也为家长照顾儿童提供了便利。沙雕娱乐区西部设置沙雕园，方便儿童户外游玩。成语沙雕游园区是沙滩公园具有活力的一个区块，能够吸引更多的游客。

（3）园物管理区。

园物管理区主要由园务管理办公室、观景亭廊组成，植物围合建筑，有良好的植物景观，又不干扰游人在公园内游玩。园物管理区设置小型专用出入口，与公园主干道相连，方便进行公园管理。园务管理区整体采用玻璃外墙，外墙映射植物的颜色，给游人建筑和环境融合的整体感受。

（4）老年活动区。

老年活动区位于公园西北侧，紧邻北入口区。根据老年人的行为心理特征，将功能进行动静分区设置。树阵园是老年人进行文化或感情交流的重要场所之一。树阵周边树种选用无毒无味无刺且寓意良好的树种，如石榴、玉兰、金银花等。体育健身是老年活动中不可缺少的一部分，跳舞广场正好给老年人提供了一个专有的娱乐活动空间。考虑到夜晚使用人群较多，在广场地面设置了地灯，内部采用防滑铺装，周边放置较多路灯，保证了场地内的安全活动。

（5）文化宣传区。

该功能区位于公园的东南侧，该广场采用下沉式设计，分为文化展示墙和中心演出舞台两个部分，为游人户外文化休闲娱乐提供场地。选用七叶树、槐树、圆柏等作为基调色树种，以紫叶李、合欢、榆叶梅等作为点缀，底层搭配平枝枸子、金银木等花灌木及观赏草，形成疏密有致的空间氛围。圆弧形状的文化展示墙位于文化宣传区的东南部分，展示了从古至今邯郸的历史文化，距展示墙 50 cm 处设有坐凳，不仅保护展示墙，也可以为中心演出舞台提供一定数量的观众席。

（6）安静休息区。

该区位于公园的南侧，二级路贯穿并将该区域划分为左右两部分，整体环境清幽宁静，仿佛独立于繁华忙碌的城市，给游人营造远离城市喧嚣、自由自在的静谧体验。紧邻东次入口广场，一部分是缓坡树丛空间，多个自然形态的缓坡地形成为该区的一大设计点；另一部分是被植物包围形成的林下休息空间，形成较为自然的小尺度空间，让游人在安静休息时有景可观。

（7）滨水景观区。

滨水景观区位于公园的西部位置，自然的曲线形成开阔的大水面，紧邻水面的是自然曲折的大沙滩，由沙滩排球、沙滩滑梯、观景平台、日光浴场四个部分组成，借水造景，打造人与自然和谐共生的环境氛围。水岸边以及水上岛屿选用耐湿性强的树种，可以采用桃树和柳树种植以形成"桃红柳绿"的景观效果。日光浴场沙滩上，以沙滩为主题打造水岸休闲区，营造宜人的环境空间氛围。从平面形式上看与场地形式相协调，在立面景观上又独具特色，满足游人停留休憩、观赏水景的功能，也可以品茶、休闲交流、休息。观景平台位于湖面东侧中部，形式设计与湖岸协调，主平台与湖岸相近，整体高出沙滩，视线范围更加开阔，游人不仅可以欣赏阳光照射下波光粼粼的开阔水面、平台下绵密干净的沙滩，还可以欣赏观景平台东部的环境层次。

5.2 专类公园及案例

专类公园是具有特定的内容和形式，有一定游憩设施的绿地。专类公园的规划设计受市场和使用者的影响较大，有着特定的使用人群和使用功能，其选址相对社区公园更加复杂。专类公园的服务对象是面向全市居民以及全国更大的服务范围的人口。专类公园根据不同的原则有多种分类方法，专类公园按主要服务对象可分为儿童公园、动物园、体育公园、历史名园、风景名胜公园、主题公园、雕塑公园、文化公园、盆景园、植物园等。

专类公园既是城市公园体系的重要类型，也可以成为城市的特色空间和旅游景点。发展建设专类公园对于提升城市公园游憩服务供给的丰富性，增加城市魅力和吸引力具有积极的作用，应加强相关研究。在国外，仅日本有"特殊公园"的类型与之相似（包含自然公园、植物园、动物园和历史公园），其他国家绿地分类中未见这类公园的统称。国内关于专类公园的研究多局限于单独类型专类公园的发展历史、规划设计和建设管理，较少有学者从宏观层面研究专类公园的发展趋势和规划配置。

5.2.1　专类公园发展相关研究

5.2.1.1　专类公园发展历史相关研究

国外普遍认为，专类公园最早的形式即动物园与植物园。历史上第一个城市动物园是 1752 年的维也纳美泉宫动物饲养区。其他类型，例如体育公园最早起源于古希腊运动会所用的地面区域；儿童公园最早源于公园中的游乐设施，后发展为独立公园，包括主题公园；遗址公园、历史名园等类型的发展源于人们对于历史文化资源与景观资源的重视与利用，渐渐成为独有的专类公园类型。

国内对于专类公园相关研究，也是由动物园与植物园发展深入。比如周代的灵囿是我国最早的动物园，而我国近现代最早的植物园为 1915 年的江苏第一农业学校树木园。儿童乐园、体育乐园等类型则在中华人民共和国成立前就已存在。中华人民共和国成立后新建了大量的各种类型的专类公园，种类日趋丰富，包括儿童乐园、体育公园、遗址公园、历史名园、纪念公园等。

5.2.1.2　专类公园发展现状相关研究

近年来，国外专类公园随着经济增长与社会发展，出现了新的专类公园类型，例如以迪士尼乐园与环球影城为代表的结合儿童、游乐、影视、文学作品等元素的主题游乐公园，以西雅图煤气厂公园和杜伊斯堡风景园为代表的遗址公园等。与此同时，西方国家开始采用新的专类公园管理体系，即分级配置的思路构建层级化、社区化管理。例如儿童公园和体育公园，西方国家对于这类公园设立相应标准规范，对其服务半径、基础设施、人数占比、空间大小等指标进行规范要求与管理。动物园和植物园这类传统的专类公园，也开始采用层级化、社区化管理，例如日本东京都除了综合植物园外，还建设了供高校研究与科研机构使用的植物园，以及各类社区小型植物园，扩大植物园使用范围。

中华人民共和国成立以来，国内专类公园发展迅速，类型多种多样。其中，动物园、植物园、儿童乐园数量急剧增加，极大丰富了居民的日常生活；遗址公园、历史名园、主题乐园、海洋乐园等类型公园得到大量投资与发展，数量也逐年上升。相似的是，国内专类公园也开始采用层级化、社区化管理模式。

5.2.1.3 我国专类公园发展趋势研究

通过分析国内外专类公园的历史发展和现状可以看出，专类公园的类型、配置和建设水平不断提升，呈现出高质量发展的趋势，集中体现在以下三个方面。

（1）类型的多元化和专业化。

一方面，更多新型的专类公园不断涌现，如迪士尼乐园、方特欢乐世界等游乐公园，高线公园、良渚国家考古公园等遗址公园；另一方面，原有的专类公园分化出更加专业的细分领域，如体育公园中分化出的极限体育公园、足球公园和篮球公园等体育专业门类的公园，动物园中分化出的野生动物园和专类动物园等。这些新变化创造并满足了人民群众多样化、特色化、个性化、专业化的游憩需求。

（2）配置的层级化和社区化。

层级化和社区化的现象主要体现在儿童、体育公园和自然科普教育类等方面。如以儿童游戏和体育健身为代表的类型倾向于更清晰的层级性，而以自然科普教育为代表的类型在层级性的基础上，更强烈地显示出社区化的特征。

（3）品质的优质化和精品化。

伴随设计施工技术的进步和新设计理念的引进，专类公园的品质大幅提升，满足了使用人群的个性化需求。如儿童公园在发展中引入了心理学、教育学等理论进行设计；体育公园、主题游乐公园等配备了更加专业化的体育、游乐设施；动物园、野生动物园、植物园和历史名园等引入了设计精致、科技含量高的展示、科普和讲解系统等。

5.2.2 专类公园的发展与建设

根据上述发展趋势，在城市规划建设中，应当更加注重专类公园的配置，把"丰富多元、因城施策、因地制宜、量力而行"作为专类公园的发展原则，也作为未来一个时期提高绿地游憩服务质量的重要方向。专类公园的配置和完善应首先在特大城市和超大城市中推广，而研究视野应扩展至区域城镇群，甚至更大尺度层面。

5.2.2.1 分类配置

专类公园的分类配置总体上应以丰富多元为原则，但还应考虑资源条件、城市和类型的差异。公益配套类和科普教育类应作为基本公共服务普遍配置，因城施策，突出层级化和社区化；历史展示类和风景观光类则应因地制宜，充分发掘自然风景资源、历史文化遗存及其文化内涵，以"注重保护，适当修复、充分展示、多元利用"为原则，依托风景资源、遗址实体或文化意象进行配置；鼓励文艺体验类游憩服务发展，配置如雕塑公园、音乐公园等特色突出的专类公园，打造具有特色的文化地标，并注重其中文化活动的培育；主题游乐类则应量力而行，按城市等级、交通状况和市场规模等因素合理引入，注重与当地文化特色相结合，带动旅游产业和相关行业的发展。

5.2.2.2 分级配置

儿童公园、体育公园等公益配套类专类公园在城市中具有基础性作用。该类型贴近居民日常生活，需求量较大，有利于提升城市宜居水平和居民幸福感，其层级化和社区化的配置导向也是目前发达国家和地区公园体系构建的导向之一。故应根据城市规模，基于生活圈进行层级化和社区化配置。

科普教育类中的植物园、动物园等类型，应综合考虑地域、气候和自然条件等因素，参考发达国家经验，建立国家级、区域级、市级乃至区级和社区级多级服务供给体系。

5.2.3 专类公园案例

5.2.3.1 野生动物园 —— 西安秦岭野生动物园

野生动物园的定义在国外比较常见的说法是指开放式动物园或者动物观赏（狩猎）公园或国家公园，人类通过聚集各种动物，提供适当食物来源及活动场所，从而满足研究、观赏、科普宣传等各项功能的场所。

（1）公园概况。

西安秦岭野生动物园地处秦岭北麓浅山地带，距西安市区 28 km，由西安旅游集团投资建设的西北地区首家野生动物园，是国家 4A 级旅游景区。全园占地 2 800 余亩，展出以秦岭四大"名旦"—— 大熊猫、羚牛、金丝猴、朱鹮为特色，以及来自世界各地具有代表性的野生动物共 200 多种、6 000 余头只野生动物，是集野生动物移地保护、科普教育、科学研究、旅游观光、休闲度假等功能于一体的综合性城市园林项目。

（2）园区布局。

西安秦岭野生动物园园区分步行区、车行区两个展区。步行区设置有熊猫馆、大象犀牛馆、金丝猴馆、灵长类馆、河马馆、羊驼袋鼠馆、中型猛兽馆等20个动物展馆；车行区分亚洲、非洲、猛兽三个区域，亚洲区展养着羚牛、马鹿、骆驼、白唇鹿等野生动物种群；非洲区展养着长颈鹿、角马、斑马、大羚羊、鸵鸟等野生动物种群；猛兽区展养着孟加拉白虎、东北虎、非洲狮、黑熊、棕熊、狼等猛兽类野生动物。

园区还设置有容纳3 000多人同时观看的盛世长安大剧院、1 500人的海洋表演场等表演类项目；熊猫科学中心、科普馆、动物幼儿园等科普观赏类项目；餐饮、商品服务类项目；景区内游览观光车项目；虫虫乐园、天鹅湖游船等游乐项目。

5.2.3.2 遗址公园 —— 宿北大战遗址公园

（1）公园概况。

宿北大战遗址公园设计以打造AAAA级红色旅游基地、省级烈士陵园、国家级爱国主义教育基地和国家级文物保护单位为目标，以红色文化为主题，将其建成党性教育党建文化、廉政文化示范基地、文物保护重点单位。宿北大战遗址公园采用"战壕"设计理念，分为战略部署、战前动员、战斗历程、祭奠区等七大部分，在曲折的战道中再现宿北大战全过程。

（2）展厅布置。

馆厅展览共分两大部分：一是宿北大战资料陈列，共占10个展厅，展出图片、画面、实物和革命文物计930余件；二是宿迁地区革命斗争史料陈列及拥军支前资料陈列，占两个展厅，陈列展品305件。

5.3 社区公园及案例

社区公园指为一定居住用地范围内的居民服务，具有一定活动内容和设施的集中绿地（不包括居住组团绿地）。

5.3.1　社区公园的功能及特点

5.3.1.1　功能

（1）改善社区生态环境质量。

由于公园内绿色植物种类繁多，植物材料使绿地空气负氧离子积累，适宜活动。绿色植物在阳光下进行光合作用，使空气更加清新，能促进居民的身心健康。

（2）提供日常休闲游憩场所。

随着社会的进步和生活水平的提高，人们越来越重视生活的质量。越来越多的人渴望回归自然、放松身心，在工作之余，参加各式各样的休闲和健身、娱乐项目。社区公园利用良好的绿地生态系统环境、清新的空气，为居民开展休闲体育健身项目提供场所。

（3）提升住区环境景观品质。

社区公园景观的建设要从非自然造景要素，如人文景观小品、建筑、灯光、道路等景观设施，以及人类思维行为等诸方面来规划住宅绿地生态系统，使社区公园这片大都市中宁静的乐土更能产生美学和视觉的效果，更能满足人们提升生活品质的要求。

5.3.1.2　特点

（1）便利性。

社区公园多位于城市居住区内，距居民住所较近且方便到达，其服务半径为500～1 000 m，步行 5～10 min 可以到达，为附近居民提供游憩、健身及文化休闲活动场地与设施，如北京海淀区的阳光星期天公园。

（2）功能性。

社区公园的规模一般面积较小、功能简单，公园内配套的设施内容只需满足附近居民日常基本的休闲、游戏、健身等功能要求，通常不会作为城市旅游景点使用，也很难承载大型社会活动，如位于北京亚运村北苑路东侧的如苑公园，面积约 1.52 hm²，公园在以绿地建设为载体演绎中国传统文脉的同时，完善了亚运村地区居民日常休闲活动的空间体系。

（3）开放性。

社区公园注重体现社会的公益性，具有很高的开放程度，公园绿地的使用强度很高，需加大社区公园在安全、卫生以及园容维护等方面的管理难度。

（4）效益性。

社区公园的规模一般较小，建设投资数额不大，建设周期较短，能满足附近居民的使用需求，最大限度地发挥城市公共基础设施的效益。

5.3.2 社区公园的活动内容与设施

社区公园的主要目标是满足周边社区居民的精神文化需求，因此社区公园的活动内容为休闲、文化、康体、游戏等。社区公园内市民的行为多种多样，因公园场地设施和活动场所不同而随机形成，需要对市民游园行为进行密切调研，才能了解其活动规律。

（1）社区公园一般必备的设施场地主要包括儿童游戏场、康体健身场和休闲绿地3项。社区公园的园路建成面积约占公园总用地的7.3%；园林建筑用地面积平均约占公园总用地的2%；垃圾桶、座椅、园灯等设施则按实际需要设置。

（2）社区公园的停车场使用率较低，尤其表现在小规模的社区公园。由于社区公园服务半径较小，附近居民一般步行可达，无须设置专门的停车场。有些公园的停车场是作为社区服务的配套设施，将停车场与公园集中布置。

（3）受建设用地规模的影响，大多数社区公园的运动场地不能满足居民需求。公园里的运动场地使用频度较高，但多数社区公园运动场地数量较少。

5.3.3 社区公园规划设计

5.3.3.1 功能区划

社区公园是为整个社区服务的，其布局与城市小公园相似，设施比较齐全，内容比较丰富，有一定的地形地貌、小型水体；有功能分区、景区划分，除了花草树木以外，还有一定比例的建筑、活动场地、园林小品、活动设施。

与城市公园相比，社区公园布置紧凑，各功能分区或景区间的节奏变化快，所以要特别在规划设计时注重居民的活动使用要求，多安排适于活动的广场、充满趣味的雕塑、园林小景、疏林草地、儿童活动场所、停留休息设施等。此外，社区公共绿地户外活动时间较长、频率较高的使用对象是儿童及老年人，因此规划中内容的设置、位置的安排、形式的选择均要考虑其使用方便。

社区公园内设施要齐全，最好有体育活动场所、适应各年龄组活动的游戏场及小卖部、茶室、棋牌、花坛、亭廊、雕塑等活动设施和四季景观丰富的植物配置。专供青少年活动的场地，不要设在交叉路口，其选址应既要方便青少年集中活动，又要避免交通事故；其中活动空间的大小、设施内容的多少可根据年龄、性别不同合理布置；植物配置应选用夏季遮阴效果好的落叶大乔木，结合活动设施布置疏林地。可用常绿绿篱、乔木以减弱喧闹声对周围分隔空间，并成行种植大乔木以减弱喧闹声对周围住户的影响，绿化树种应避免选择带刺的或有毒、有味的树木，应以落叶乔木为主，配以少量观赏花木、草坪、草花等；在大树下加以铺装，设置石凳、桌、椅及儿童活动设施，以利于老人休息或看管孩子游戏。

5.3.3.2　基本形式

规划设计要符合功能要求，并根据地形利用园林艺术手法进行设计。

（1）规则式布局采用几何图形布置，有明显的主轴线，园中道路、广场、绿地、建筑小品等组成对称有规律的几何图案。规则式布置可产生整齐、庄重的效果；缺点是形式较呆板、不够活泼，园内景物一览无余，容易使游人感到枯燥无味，有时还受对称形式的制约而造成绿地功能上不合理，并造成养护管理费工。规则式又分对称式和不对称式，后者比前者的形式活泼一些。

（2）自然式布局没有明显的轴线，布局灵活，采用曲折迂回的道路，充分利用自然条件（如冲沟、池塘、山丘、洼地等）创造有变化的环境空间。其绿化种植也采用自然式，这样可以创造出自然而别致的环境。自然式多采用中国传统的造园手法，以取得较好的艺术效果。

（3）混合式布局是规则式与自然式相结合的产物。它根据地形和位置的特点，灵活布局，既能和四周建筑相协调，又能考虑其空间艺术效果，在整体布局上，产生一种韵律和节奏感，是比较好的布局手法之一，也是目前使用较多的形式。

5.3.3.3　设计内容

（1）儿童游戏场位置要便于儿童前往和家长照顾，也要避免对居民的干扰，一般设在入口附近、稍靠边缘的独立地段上。儿童游戏场不需要很大，但活动地应铺草坪或塑胶制品，选用排水性较好的沙土铺地。活动设施既可供孩子们玩耍，又可成为草坪上的装饰物。

（2）青少年活动场设在社区公园的深处或靠近边缘独立设置，避免干扰住户。该场地主要供青少年进行体育活动，以铺装地面为主，适当安排一些坐凳及休息设施。

（3）成人、老人休息活动场可单独设立，也可靠近儿童游戏场，甚至可利用小广场或扩大的园路在高大的庭荫树下多设些座椅坐凳，便于看报、下棋、聊天等。成人、老人休息活动场所一定要采用铺装地面，不能黄土裸露，也不要铺满草坪，以便开展多种活动，如跳交谊舞、做健身操等。

（4）园路是社区公园的骨架，它可将社区公园合理地划分成几部分，并把各活动场地和景点联系起来，使游人感到方便和趣味性。园路也是居民散步游憩的地方。所以，社区公园内部道路设计的好坏，直接影响到绿地的利用率和景观效果。在园路设计时，随着地形的变化，可弯曲、转折，可平坦、起伏。一般在园路弯曲处设建筑小品或地形起伏等以组织视线，并使园路曲折自然。

5.3.4 社区公园案例 —— 深圳市福田区社区公园

深圳市公园建设水平在全国处于领先状态，福田区作为深圳早期建设的核心城区，社区公园建设起步较早，近几年随着"美丽深圳"市容市貌提升的深入开展，各种早期建设的社区公园也相继进行了提升，福田区公园建设数量、品质、运维管理等都有了较大的提升，并在深圳市年度考核评比中均名列前茅。

5.3.4.1 当前社区公园发展的不足之处

（1）乔木逐渐长大，上层郁闭度逐渐增高，整体空间郁闭度过高，影响中层乔灌木生长。

（2）具有优势性状的物种逐渐侵占其他植物的生存空间，导致地被品种逐渐单一化，缺乏色彩和季相变化。

（3）由于管理力度不够，植物空间出现野化或黄土裸露，影响空间舒适感，并存在安全隐患。

5.3.4.2 未来展望与建议

（1）增加植物群落的景观层次。

植物群落的层次主要指植物的垂直结构，复层种植在空间上能够充分利用植物形态之间的差异，形成高低不同的林冠层，为下层植物留有阳光和雨露，群落的层次越多，植物景观就会愈加丰富。从生态效益的角度看，丰富的植物群落层次比简单的乔草结构更加稳定，生物多样性也相应增多，植物群落自身的弹性缓冲能力也会增强。因此在植物配置中，要做到高中低不同层次的搭配，做到常绿与落叶、观花观果、远近期景观、速生和慢生合理搭配。

（2）增加乡土植物的应用。

乡土植物具有适应性强、生长良好、好维护等优点。社区公园建设过程中可以尽可能地选择当地的乡土树种，进行模拟自然的植物群落构建，做到近自然的植物景观，提高城市公园绿地系统生物多样性和景观稳定性，从而提高绿地系统的生态效益。稳定的公园绿地系统可降低后期的维护费用，也便于公园管理，是建设节约型园林的重要举措。

（3）为各层植物做好预留。

对于地被的设计，当今多数的设计师常以定式的思维约定每平方米应该种植的株数，保证当下即时的景观效果，而未过多思考多年后植物群落如何以低维护成本保持群落的稳定性。对于上层乔木而言，也需要控制乔木植株密度，预留人工林窗，林窗作为植物群落中的一种小尺度干扰机制，是促进群落演替更新、加快养分循环的主要动力。适当低密度的种植可使各类植物获得更充足的生长空间，也更有利于群落的稳定和物种丰富度的提高。

5.4 城市绿道及案例

绿道的建设对城市的健康、可持续发展，城市复合型生态绿地系统和城市生态安全格局的构建，以及改善人类居住环境等都有重要的作用和积极的影响。特别是在大城市病越来愈重，自然资源不断消失，动物栖息地不断减少，人类生存环境不断恶化，经济发展和环境保护两者的矛盾日益突出的阶段，具有线性空间形态特征的复合型绿道可以保存大量的绿地，提供多种娱乐健身空间，缓解城市生态环境的压力，为城市居民提供绿色、安全的综合性娱乐开敞空间具有重要的意义。

5.4.1 城市绿道的概念

城市绿道（greenway）是与人为开发的景观相交叉的一种自然走廊，由绿廊系统和人工系统两部分构成。绿廊系统是城市绿道的绿色基底，主要由地带性野生动物、植物群落、土壤、水体等生态要素构成，包括自然本底环境与人工恢复的自然环境，具有景观美化、生态维护等功能。人工系统由慢行系统、服务设施系统等构成，具有慢行交通、休闲游憩等功能。

5.4.2 城市绿道的功能与意义

城市绿道是城市生态网络系统的有机组成部分，其具有生态环保、社会文化、促进经济发展和防灾等多种功能。

5.4.2.1 城市绿道的生态环保功能

城市的绿道起到生态绿色廊道的作用，城市绿道为动物提供了运动的通道，使物种在不同栖息地之间可相互交流，满足了物种流动性需要，增加了城市动物的多样性。城市绿道线长、面广，对机动车辆排放的有毒气体有吸收作用，可净化空气、减少灰尘。通过缓冲带的方式隔绝城市噪声，同时还能消除城市内过多的热量，有效减缓城市热岛效应。

5.4.2.2 城市绿道的社会文化功能

城市的绿道建设加强了城市中自然栖息地以及历史文化遗产廊道的保存，增加城市的历史文化内涵和人们对于城市乡土文化的认同感，这使城市绿道成为城市标志性的空间，营造了城市特色的风貌特征。

城市绿道满足了城市现代休闲活动的功能需要。城市绿道的建立，使行人能够不受机动车的干扰和影响，满足了人们日常散步等娱乐性活动场所的需要。城市绿道相比城市公园来说服务范围更大，人们更容易抵达，所以绿道可作为人们休息和游憩的主要场所。市民可以在此开展体育锻炼、人文休闲、科普教育等活动。同时绿道穿越多个区域，串联起城区的多个广场绿化区，将块状的绿化区连接成一个整体，把自然景观和人文景观相交融，构成景观游憩走廊。连接城市绿道构建慢行交通网络，引领绿色出行和低碳生活方式。

5.4.2.3 城市绿道的促进经济发展和城市防灾功能

城市绿道在增进城市景观魅力的同时还直接带动旅游、休闲、商贸等相关产业发展，并且还可以结合生产创造一些物质财富。如有些树木可提供油料、果品、药材等经济价值很高的副产品，如七叶树、银杏、连翘等；还有树木修剪下来的树枝，可供薪材之用。

目前我国部分城市的道路宽度有限，在灾害降临时人流的疏散和安置存在巨大隐患。通过城市的绿道建设可增加抵御灾害的能力。绿道为防灾、战备提供了条件，它不仅方便了人流的疏散，还可以伪装、掩蔽，极大地保证了公众的财产和安全。

5.4.3 城市绿道的景观营造

城市绿道根据功能的不同分为以下三类：一是以生态维持和生物多样性保护为主导功能的生态型绿道；二是以隔离防护为主导功能的防护型绿道；三是基于游憩景观文化主导功能的游憩型绿道，下面对这三种城市绿道的景观营造分别进行介绍。

（1）城市的生态型绿道要依托现有的水系、绿地、山体和道路，将绿道网建设与水环境综合治理、基本生态控制线保护，以及市政公园、森林公园和社区公园等的建设结合起来，因地制宜打造功能各异、形式多样的绿道。避免城市连片发展而对生态、景观和城市整体环境水平产生影响。绿道应保持整体自然景观格局的整体性和连续性，促进整体生态系统的稳定性和持续性。

（2）城市的防护型绿道应根据城市污染物的具体分布规律，以降低城市街道废气、粉尘、噪声的污染为目的来选择植物景观。同时还应根据所种植植物的种类来安排植物配置结构；并结合街景特点，追求景观上的美化效果，同时在局部地段安排游玩、休憩活动。

（3）城市游憩型绿道在其设计过程中要与城市绿地建设相结合，可将城市中的公园绿地、历史文化保护区等，以及城市河流、道路系统等纳入城市游憩绿道的整体空间网络系统中，将游憩功能、景观功能和区域发展等融为一体。根据所处地域的不同，将城市游憩绿道分为河流型和道路型游憩绿道两种。河流型游憩绿道着重打造具有丰富文化内涵的城市滨水景观。其主要生态景观分布在河流沿岸，在设计中应注重与滨水区的特色相结合，突出生态性和亲水性，将滨水文化融入城市生活景观中，让市民在休闲的同时接触自然与文化。道路型游憩绿道在景观营造中要充分考虑其主题定位侧重点不同。例如，在对城市的外在形象有着重要影响的位于城市公共中心位置的绿道，要重点突出其景观功能，在景观的设计上要多种植一些观赏性的植物；在位于历史文化丰富区域的绿道，在景观设计上要在保护文物和突出其历史文化特色的前提下进行，体现出独特的历史的韵味；对于沿线连接有居民生活区的游憩绿道，在景观营造上主打休闲健身，多设置休憩亭台、健身设施，真正服务于市民日常生活的游憩活动。

我国的绿道的建设还是处于起步阶段，很多理念和做法都是借鉴西方国家的。在借鉴的同时一定要与自身的实际情况相结合，并不断总结经验和提高自己，在此基础上促进城市绿道建设的有序发展。

5.4.4　城市绿道景观规划建设的探索与研究

5.4.4.1　因地制宜，科学规划

把绿道建设与发展生态文明、建设宜居城市结合起来，系统考虑，整体谋划。把绿道建设规划与区域规划、土地利用规划和产业发展规划结合起来，高标准规划、高起点设计、高水平建设，实现绿道建设的结构系统化、功能多样化。坚持尊重自然、尊重规律，为城市居民提供一条可供休闲游憩的步行道系统。根据地形现状因形就势，使绿道与周边的自然景观相协调，与健身、休闲、观光的功能相一致，体现浓厚的城市地域特色和生态自然特色。不破坏地质地貌，严格保护水源山体。赋予绿道丰富的文化内涵，围绕城市居民的需求，建设足球场、篮球场、

乒乓球台等文体健身服务设施，使绿道既是健身休闲之道，也是文化体验之道。

5.4.4.2 营造环境，建步行绿道

营造舒适的绿道环境，使城市分散的绿色空间或主要节点进行连通，形成相互贯穿的、综合性的绿色步行通道网络，建设完善的公共服务设施，满足城市现代休闲活动的功能需要。建设以绿化为主的线性开放绿地空间，使城市休闲活动依托连续完整的展开，步行者不受机动车和嘈杂商业人流的影响。让绿道成为日常散步、跑步锻炼、自行车、轮滑、滑板等康乐性活动的场所，同时也可以让人们方便地到达社区内部或社区之间以及城市其他的重要场所，如学校、商场、城市公园或者是办公地等，使城市绿道成为城市步行系统中非常重要的一个组成部分。

5.4.4.3 政府主导，公众参与

坚持政府主导、市场运作，建立健全绿道建设管理的长效机制，保障绿道建设的有序推进和可持续发展。绿道建设是一个独立的项目，而非某个综合区域系统的组成部分。在大多数情况下，当地政府是最具有策划和实施绿道网络影响力的。从建设管理效率角度看，绿道项目的实施需要有一个区域实体来监督项目建设。

5.4.5 经典案例 —— 海淀三山五园概述

北京海淀三山五园绿道总长度 36.09 km，建设面积为 62.8 hm^2。建设范围涉及海淀区海淀镇和四季青镇 2 个镇，东起清华大学西门，西至西山森林公园西门，北到万泉河支线河道南侧巡河道，南至长春健身院。绿道线路串联了香山公园、北京植物园、颐和园、圆明园、西山森林公园等大型历史名园和海淀公园、玉东公园、北坞公园、丹青圃公园等郊野休闲公园，清华大学、北京大学等高等学府以及众多休闲娱乐设施和农业观光等绿色产业，形成了"一线、四环、四延伸"的整体格局。

三山五园绿道道路宽度为 2.5 ~ 3.0 m，主体面层采用彩色沥青，可骑行、步行使用，绿道内包括游客服务点 8 处，服务内容包含小卖部、休息、自行车租赁存放、卫生间、机动车临时停放等。沿绿道间隔 1 km 设置一处休息场地，设立各类标识牌。三山五园地区建设的绿道，实际上是一套具有休闲、健身功能的城市慢行系统，包括人行步道和自行车道两个部分，游客可以在绿道上漫步、骑行，惬意享受沿途的风景。

在植物的选择上，三山五园主要以乡土树种为主，尽量减少古树名木的运输移栽。在乔木的选择上主要以银杏、法桐、紫叶李等北方常见乔木树种为主，灌

木及地被植物同样选用锦带，红瑞木、金银木、萱草等北京常见植物种类，既有季节的变化、色彩的搭配，又方便管理养护。

5.4.6　绿道的规模及展望

尽管当前的研究依然处于不断完善和验证的阶段，但是我们已经可以预见到一些可能的结果。由于国内绿道发展处于起步状态，国家层面或大的区域层面上的绿道规划还比较少，从业人员及民众尚未引起足够重视，这就要求相关从业人员在城市规划及城市设计中推广应用绿道，普及绿道的相关思路及优点。在短期内，城市主要绿地的连接将会逐渐减轻城市环境的压力。从长远来看，绿地周边的广大区域与文化遗产将同时得到保护和增值。以绿道为框架的绿色基础设施建设是城市规划和发展中的重要环节，将必然成为兼具生态、景观、游憩使用功能和体现城市土地价值综合提升等优越性的城市生长模式。

绿道发展至今已经深入各个层面，大至国家层面，小到社区层面，绿道的规划、建设已经越来越广泛，特别是在我国城市正处于快速发展的时期，建造更为系统、多元的绿道就显得更为重要。近年来，景观生态学、生物地理学、3S 技术等开始越来越多地用于绿道的构建过程，研究学者们开始更多地关注绿道网络的构建和城市发展之间的关系。因此，在未来对绿道的研究及规划过程中，要更多地运用宽视角，多学科交叉、融合的方法，为绿道的建设提供更高水平的技术支撑，从而构建更科学合理、多元化、复合型的绿道网络体系，来满足人们对接近自然，进行户外活动提供安全、舒适的空间，进而为保护国家文化遗产提供绿色载体，将城市社区之间连接起来，提高空气质量，减少道路拥堵，为城市的可持续发展奠定生态环境基础。

第6章　城市居住区绿地规划设计

6.1　城市居住区绿地规划的概念、内容和程序

6.1.1　居住区绿地的概念

居住区绿地就是指在居住小区、街坊内部除去居住建筑用地、道路用地、公共福利设施地段用地外，可作为绿化的地方。它包括公共绿地、宅旁绿地、配套公建所属绿地和道路绿地，这里也包括了满足当地植树绿化覆土要求、方便居民出入的地下或半地下建筑的屋顶绿地（城市居住区规划设计规范），其中居住区内的公共绿地，应根据不同的规划布局形式设置相应的中心绿地和组团绿地。

6.1.2　城市绿地规划的任务

城市绿地系统规划是对各种城市绿地进行定性、定位、定量的统筹安排，形成具有合理结构的绿地空间系统，以实现绿地所具有的生态景观、游憩、文化和防灾避险四大功能的活动。《园林基本术语标准》指出：一般城市绿地系统规划具有两种形式。一种是城市总体规划的组成部分，是城市总体规划中的专业规划；另一种是专项规划，其主要任务是以区域规划、城市总体规划为依据，预测城市绿化各项发展指标在规划期内的发展水平，综合部署各类各级城市绿地，确定绿地系统的结构、功能和在一定规划期内应解决的主要问题；确定城市主要绿化树种和园林设施以及近期建设项目等，从而满足城市和居民对城市绿地的生态保护和游憩休闲等方面的针对城市所有绿地和各个层次的完全的系统规划。

城市绿地系统规划与城市规划一样，其复杂性要求我们必须事先对城市绿地建设做出安排和计划，确保城市绿地的建设和发展，保持城市绿地系统与其他各类建设系统的平衡。这些安排和计划可以通过文字进行定性描述，也可以通过数字确定定量的目标，但是这些方式和手段都难以将绿地发展目标与实际绿色空间

联系起来，缺乏相关性和直观性。只有将先期确定的绿地发展目标，通过准确、具体的图形，落实到城市空间实体上，描绘出未来城市绿地发展的远景蓝图，才能保证城市绿地建设的有效性。而城市绿地系统规划正是唯一能够实现这一目标的有效手段，如人均公园绿地面积，通过城市绿地系统规划可以落实为规模不同、分布不同的公园绿地，充分体现出城市绿地系统规划的基本职能。

6.1.3 城市绿地规划的内容

6.1.3.1 规划前期调研工作

城市园林绿地系统规划中的现状调查与分析是整个规划工作的基础，通过现场踏勘和资料分析，应摸清城市绿地现状水平和存在问题，找出城市绿地系统的建设条件、规划重点和发展方向，明确城市发展的基本需要和工作范围，做出城市绿地现状的基本分析和评价。

6.1.3.2 基础资料收集

需要收集的基础资料包括测量及航片、遥感资料，自然资源资料，社会条件资源资料，园林用地资源资料，植物资料，绿化用地管理资料，其他相关资料（如城市土地利用总规划、文物保护单位、城市污染区等材料）。

6.1.3.3 规划层次

在实际城市规划工作中，有关部门必须对城市行政区、市区、近郊区以及城市实际发展所需的各类区域进行科学规划。通常情况下，城市规划区的层次主要包含以下三个方面。

（1）郊区。

城市的郊区并非一个独立系统，它与城市的健康发展息息相关。此区域包含了农村、城镇的居民区，以及交通主要干线的周边区域，有关部门必须对这些区域进行科学规划和管控。在此区域内的永久、重大性建设，必须由当地城市规划部门严格审批通过后才可以建设。

（2）已建成区域。

此区域主要包含具备基本公共设施、市政公用设施等已被建设、开发的区域，有关部门对此区域的主要管理内容为改建、修建以及新建部分设施，对已开发区域进行科学调配或者深度开发利用等。

（3）整体城市规划区域。

此区域主要包含已建成区域外的历史文化遗迹、风景名胜区、机场区以及防护、水源等独立地区。

6.1.3.4 规划基本原则

在开展城市规划区绿地系统规划工作时，有关部门必须严格遵循以下三项基本原则。

（1）以人为本。

城市规划区绿地系统规划工作的核心目标之一便是为城市及其周边民众营造和谐、舒适的绿色生态居住环境，所以，有关部门在开展城市规划区绿地系统规划工作的时候，必须将"以人为本"的规划理念融入实际工作中，这也是符合我国科学发展观以及可持续发展战略的。坚持"以人为本"，不仅能够使城市与环境更加协调，还更能够将城市独特的人文内涵充分展现出来。

（2）因地制宜。

每一座城市、每一个地区都有自己独特的魅力及特色，因此，有关部门在开展城市规划区绿地系统规划工作的时候，可以借鉴国内外城市绿色规划的成功经验。所以，有关部门应当对自身所在的城市进行全面、系统的实地勘察，充分掌握城市独特的景观及其魅力，并结合城市特有的人文内涵实施"因地制宜"的规划方法。

（3）生态协调。

在城市的整体生态系统中，城市规划区的绿地系统占据着重要的环节。因此，规划部门必须在正式规划前，对城市的总体生态系统进行全面了解，即全方位掌握当地的地质、水质以及地貌、地形等，进而结合城市的实际发展需求以及自身特色，进行最合理、科学的规划工作。

6.1.3.5 绿地系统规划措施

（1）特色规划。

在绿地系统的规划工作过程中，应该充分体现出城市的发展水平以及精神面貌，并且要充分地结合城市特色。城市的特色要在城市绿地系统的规划中得到充分的体现，如城市的地理特色、城市的环境特色、城市的文化特色、城市的经济特色、城市的环保特色等。此外，规划部门要充分地发挥自己的职能，充分地了解当前城市的基础状况，通过邀请相关的专家学者参与规划，来促进绿地系统规划的多层次、多角度。

（2）综合规划。

在城市绿地规划的开展过程中，作为规划人员，应该充分地认识和利用周围的环境。在整体规划中，要把周围环境作为重要的一部分，并且要不断提升自身的专业技能、提高规划人员的综合素质。作为规划工作人员，一定要对城市的经济发展水平做到充分的了解，并且要根据城市的绿地系统适时地做出调整规划工作。作为规划部门，在对绿地进行系统规划的过程中，要充分考虑城市的环保要素、可持续性要素，要对城市的规划有更充足、更长远、更全面的认识，在此基础上进行绿地规划工作，对其进行综合的规划，不能为了更多地体现绿色而大规模地改造城市面貌。为了将城市建设得更加自然、更加人性化、更加和谐，一定要将绿地规划工作同城市整体规划相互融合与统筹。

（3）生态保护绿地规划。

生态环保绿地规划是城市绿地系统规划中很重要的一部分，具体表现在以下两个方面。首先，划分并不断完善绿地系统，合理地划分水源保护区、绿化防护带、湖泊水系防护带、动物迁徙廊道等系统。要不断地完善绿地规划以达到城市环境保护的具体标准。其次，城市绿地系统规划具体工作在开展过程中，要严格遵循我国的法律法规，要以原有自然生态景观保护为基础，按照城市用地的总体利用要求来开展，以确保城市绿地廊道系统的规模性与合理性。

（4）可持续规划。

城市绿地是城市精神面貌的重要体现，是城市文明的缩影，是城市发展的重要保障。而城市绿地的规划工作对城市的未来发展趋势势必会产生重要的影响，所以，在进行绿地规划时一定要确保规划的可持续性与合理性，以确保城市的可持续发展。确保可持续性对于城市的未来的发展会有很大的帮助，因此，在进行城市的绿地系统规划工作时，要能够将绿地系统的可持续性体现出来。城市绿地规划人员在制定并完善绿地系统的过程中，要根据城市的发展方向适时地做出调整和改变，要明确了解未来城市的发展方向，同时也要不断提高本身的专业技能、职业修养和综合素质。作为规划的内容，绿色经济、环保经济、可持续经济之间要协调统筹发展。城市绿地规划工作的开展不仅可以为人们提供良好的生态环境，不断完善人们的生活环境，促进人们的生活质量的提升，还可以不断丰富人们的物质生活和精神生活。

在实际的规划过程中，应当站在更加广阔的角度上规划城市绿地生态和开敞空间，对城市规划区绿地系统进行规划布局，通过分析城市自然资源，将城市意象提炼出来，对城市绿地的结构布局梳理，使城市风格得以展现并进一步加强。

6.2 城市居住区绿地规划案例

6.2.1 历史背景及现代背景分析

6.2.1.1 研究缘起

《韩非子·五蠹》所记载的"上古之世，人民少而禽兽众，人民不胜禽兽虫蛇。有圣人作，构木为巢以避群害。"，至今人类营建自己住所的历程已经走过了数千年，住宅在人类生存发展中始终扮演着一个举足轻重的角色。20 世纪 30 年代，国际现代建筑协会制定《雅典宪章》时便提出居住、工作、游憩和交通为城市四大基本功能，以居住建筑为基本建筑形式的住区也就成为城市中最为普遍的建筑组织类型。改革开放以来，中国的住区建设达到了一个新的历史高峰，面对纷繁复杂的房地产市场，作为设计师应该怎样认识这种现象、怎样找到影响住区设计、建设、发展的关键因素，这一问题激发了人们对中国城市住区设计范式、流程、方法研究的兴趣，希望通过研究找到能为城市提供最佳住区的设计方法。城市规划学科作为一门横跨于自然科学、社会科学、人文学科之间横断性、交叉性很强的学科。其研究领域不仅涉及自然、社会还涉及个人。

6.2.1.2 学科认识

城市规划学科本身的复杂性使得其"范式"是构建于整体结构之上一个多层次的"范式"。城市规划的"范式"必须有完善的理论基础，以指导其所涉及横断、交叉这一复杂领域的实践。城市规划设计的"范式"营建或梳理总结是当前规划实施者所必须面对和解决的基本问题，借此我们获得一个清晰的视野在今后的实践中有所依循。随着生活水平的提高，人们的居住要求也越来越高。但是，目前的建筑及规划设计市场比较杂乱，不同设计机构、不同住区设计"操刀者"的设计过程和方法也各不相同。因此住区设计成果的质量也良莠不齐。因而从住区设计的范式、流程、方法入手加以分析研究，可以使设计行为更加系统化、规范化，为改善人们的居住水平创造良好的居住空间，满足多方面的诉求。

绿地系统规划是一项古老的活动，它是对城市各类型绿地进行定性、定量、定位的统筹安排，形成具有合理结构的绿地空间系统，以实现绿地所具有的生态保护、游憩休闲及社会文化等功能的活动。绿地系统规划是城市总规中的重要一部分，是指导城市绿地建设的重要依据，近年来，尤其是部分大城市中，将绿地建设提高到了一个前所未有的高度。但是，在城市快速扩张、郊区新城逐个涌现的今天，无论是绿地系统规划编制方法和编制政策都发生了很大的变化用以面对绿地发展即将到来的新的挑战，尤其是郊区新城的绿地系统规划，存在着许多值得探讨的地方。

6.2.2　发展历程及未来展望

6.2.2.1　发展历程

社会经济体制的变革引导人们的社会意识、思想观念发生变化，继而带来全新的生活内容、生活方式，对居住区公共配套设施设置等也随之水涨船高地提出新的要求。变革的影响作用于家庭，使之化整为零，具有分散化、小型化的趋势。家庭人口减少了，但伴随生活水平的提高人均居住面积却涨了上来，这样的趋势使得同样面积的住区人口可能缩小一半。由此所衍生配置的住区配套生活服务设施也将进行"瘦身处理"。不仅如此，伴随居民生活习惯、生活方式、生活水准的提高，在进行居住区规划设计时所要顾及和考虑的因素也越来越多，诸如大型超市代替"遍地开花"的小商店，大面积的开放空间休闲绿地代替原来的贮藏小房。不同的道路、交通方式会给居住区居民生活带来不同影响。

6.2.2.2　未来展望

居住区的归属感以人际情感、认同为特征。可以说展现在我们面前的居住区回归就是人性的回归，而如何应对居住区的变迁则是居住区规划必须面对的问题。居住问题关系国家、社会、经济、文化各方面的发展。面对着发展中出现的诸多新问题，需要呼唤切实可行的居住模式。切实可行的居住模式，应该是居住区邻里之间可以相互照顾、享有自由、亲密交往的空间。其中装载了居民生活、交往的乐趣，出行变得安全、便捷应该是充满安全感、享有公平、稳定的住区社会环境，应该是设计建设结合地形因地制宜、创造个性化住区、自然环境，应该站在设计者与使用者的双重视角，基于使用者不同诉求。通过对住区物质环境的改造，使之在精神层面产生积极作用，推动实现和谐住区这一建设目标。这需要政府、开发商、设计师以及住区居民的共同努力。

6.2.3　具体案例分析 —— 新乡市阳光新城

6.2.3.1　规划整体概念

生态园林城市不仅仅是指"生态""园林""城市"三个名词进行简单的叠加，而是创造了一个全新的定义，完全超过原有概念的含义，不是简单拆分重组，是代表着城乡一体化的复合系统，是社会、经济、自然符合生态观的阶段性体现。

6.2.3.2　规划具体内容

（1）公共建筑规划。

小区公共服务配套设施、商业服务配套设施，以相对集中为原则，集中设置在两个组团之间，小区南部出入口区域，充分发挥区位地段优势，结合新区核心区景观轴线组织，不仅方便了居民的使用，而且成了小区、城市共用的设施。

（2）道路系统规划。

规划小区道路的规模分为三级：一级道路为居住区主要道路，道路红线宽度为 12 m；二级道路为组团路，路面宽 7 m。三级道路为宅前路，宅前路均为步行路，路面宽度以 1.5～3.0 m 不等。小区的步行道路系统分散设置，主要为居民步行使用，仅在搬家时允许车辆通行或者满足消防、卫生功能时允许消防、卫生车辆通行。道路两侧的便道砖选用耐压的嵌草铺地砖，植草后与路边的绿地草坪融为一体，既增加了景观效果又增加了小区的绿化面积。小区的步行道路用卵石和自然石板铺砌，不仅增加了休闲锻炼的效果，而且又曲折流畅，富有自然情趣。静态交通采取集中与分散、地上与地下相结合的停车方式。自行车采用住宅建筑半地下室形式停放。为了适应私家车持有量的快速增长，充分考虑机动车辆的停放，采用路边停车与高层住宅地下停车相结合的方式。为了使小区居民更好地享用小区的绿地空间及设施，根据小区规划的空间布局结构，将小区绿地空间划分为小区出入口空间、组团绿地空间和庭院绿地空间，通过小区步行道路系统的有机联系，结合不同层次绿地的使用功能不同进行绿地景观设计。组团绿地和庭院绿地是居民的主要室外活动场所。老年人和儿童是组团绿地和庭院绿地的主要使用者，因此在设计组团绿地和庭院绿地时着重考虑老年人和儿童的需要，为他们创造休息和娱乐的条件。老人和 6 岁以下的儿童活动范围小，对居民的干扰少，他们之间有相互依存的关系。场地设施简单，主要有一块遮隐的地坪和小沙坑之类，周围设置一些座椅即可。因此将这类场地放在住宅庭院绿地内。而 10 岁左右的儿童，活动量大，对居民有干扰，所以放在组团绿地中并配备木马、滑梯等儿童游戏设施。

小区内植物的配置多达 50 余种，并注重四季的变化，四季的景观各有特色。春季，榆叶梅、碧桃、樱花、垂丝海棠、月季等竞相开放。夏季，树木苍翠欲滴，花团锦簇，合欢、紫薇、凌霄等正值盛期。秋季，桂花、五角枫、栾树、法国梧桐、水杉等树种渲染出秋日斑斓的景色。冬季：蜡梅、松柏类及落叶乔木苍劲的枝干相辉映展现北方特有的雄浑之美。小叶黄扬、大叶黄扬、万年青等常绿灌木为庭院增添了一丝绿意。

6.2.3.2　设计理念及目的

在居住区中心花园环境设计中，结合地域文化进行设计，可以吸取当地建筑符号、语言，反映地方生活方式、历史和追求的文化因素等。

（1）建筑符号表达法。

将传统的地域建筑符号或直接表现或抽象化运用在建筑、小品之中，使人们在当代的生活方式中还能找到传统文化的延续感，增加居住的亲切感和认同感。阳光新城小区内设置的带有编钟的柱，粗犷而富有地方特色。

（2）历史文化、生活方式表达法。

新乡地区夏季气候炎热、日照持续时间长，冬季较为寒冷，属于四季分明的气候类型。在居住区环境设计中充分考虑了这种地域、气候特点，有针对性地安排户外设施。例如，因为夏季天气炎热、漫长，新乡的人们都有夏夜乘凉的习惯。在暑气渐消的夜晚，晚风习习。大人、小孩在户外聊天、游戏，男人们下棋，女人们聊天，小孩子捉萤火虫等，不仅缓解了一天的疲乏，更增进了邻里间的了解，可以在居住区中有意识地设置这样的场所，也可以在夏季开展"棋艺比赛"等活动。

（3）乡土植物材料的运用。

植被是构成绿地景观特色、环境氛围的重要元素。大量的乡土植物运用不仅可以突显地方特色，构建良好的绿地生态环境，还能降低绿地建设造价，一举多得。

随着新乡市人们生活闲暇时间的增多、生活方式的改变、夜间生活的时间增长，对夜间的户外环境的需求也日益增加。新乡夏季较长，人们也习惯在晚上出游、纳凉，在地方的居住区环境设计中，除了交通照明外，也应该在主要的活动场地上着重考虑夜间照明，提高居住区绿地的使用率。不过居住区环境有着自由的特点。在夜景设计中应该以功能为主、景观效果为辅，突出亲切近人的环境特征，切忌花里胡哨、霓虹闪烁。手法上以"点""线"结合在主要景观节点、结合景观设施、辅以灯光、营造夜晚景观，丰富居住环境的表现力；同时结合道路或者场地的轮廓进行灯光的线性设计。也可以采用把小品设计与灯光结合在一起的手法。例如，灯与柱的结合、灯与座椅的结合、灯光与小品的结合、灯光与水景的结合等。

居住区绿地作为与人们日常生活关系最为紧密的物质形态。它的设计要求延续居住生活的亲切、自然、舒适的特点；要求从使用和行为心理的需求出发，细致设计；作为城市建设的重要组成部分，它要求有力的政策引导。主要以新城小区绿地规划设计为轴心，通过分析新城小区绿地规划设计现状，得出居住区绿地规划设计要思考的问题的启发。阳光新城的整体结构可概括为"一心、一轴、二组团"。一心：城市标志性建筑 —— 博物馆为新区核心区景观轴线的南端。它位于小区空间的几何重心，起到空间组织的核心作用。一轴：核心区景观轴线，建立核心区的视觉及空间联系，使建筑与景观有机统一，形成小区内景观主轴线。二组团：一心、一轴将地块分为东、西两个居住组团。

第 7 章　城市道路绿地规划设计

7.1　城市道路绿地规划的概念、内容和程序

7.1.1　城市道路绿地规划概念

从搜集的文献来看，国外对城市道路绿地（Urban Road Green Space）的概念有明确的界定，即指城市中从一个地方到另一地方的通道中的绿地空间。但在我国对这个概念仍无明确的定论，并且与街道绿地的概念也没有严格的界定区分。一部分学者认为城市道路绿地包含城市街道绿地，而另一部分学者则主张城市街道是城市道路绿地的延续。城市道路绿地的不同定义主要有以下几种。

梁永基等编著的《道路广场园林绿地设计》中指出，道路绿地不只包括道路及广场用地范围内的可进行绿化的用地，如道路绿带、交通岛绿地、广场绿地和停车场绿地等，还将带状绿地、街旁游园列入道路绿地中。

杨立红等在《城市园林绿地规划》中提出，道路绿地是城市绿地的重要组成部分，它不但包括人行道绿化带、防护绿带、基础绿带、分车绿带、广场和公共建筑前的绿化地段、街头休息绿地、绿化停车场、立体交叉的绿化，而且包括高速公路、滨河路、花园林荫路等多种形式。

侯永明等在《城市道路绿地设计》中将城市道路绿地定义为城市各种道路用地上的绿地，包括街心花园、街头绿地、行道树、交通岛绿地、桥头绿地等。

以上学者都使用了城市道路绿地的概念，而《中国大百科全书》则采用城市街道绿地的概念，将街道绿地定义为在城市的道路用地上采取栽树、铺草和种花措施的用地。

史向民、胡守荣等编著的《城市街道绿地植物配置》中将道路两侧绿带、道路分车带、中心环岛和立交桥都归于城市街道绿地的范畴。

马建业等编著的《城市闲暇环境研究与设计》认为，街道绿地包括人行道绿化带防护绿化带、基础绿带、城市广场和公共建筑前的绿带、停车场绿化、立体

交叉绿化、滨水区绿地、花园林荫路和街头休息绿地（临街小游园）等10个部分，滨水区绿地和小游园是现代城市中最受欢迎的日常闲暇活动场所。

7.1.2　城市道路绿地规划的内容

7.1.2.1　城市道路类型

（1）高速交通干道。为方便城市各大城区之间远距离高速交通服务。

（2）主干道。连接城市各分区的干路。

（3）次干道。城市内各区间或一般城镇的服务性干道，起分流交通作用。

（4）支路。小区街内道路，直接连接工厂、住宅区、建筑。

7.1.2.2　交通绿地的主要类型

（1）按绿地的景观类型。

①密林式。布置在城市外环、宽度在 50 m 以上。沿路两侧为浓茂树林，主要为乔木加灌木，常绿树种和地被植物。

②花园式。沿道路外侧设置一些大小不同的绿化空间，硬质景观与软质景观并存。

③滨河式。临水道路绿地。

④简易式。沿道路两侧种植一行乔木。

⑤自然式。沿街两面在一定宽度内布置，由不同植物组成的自然丛。

（2）按街道绿地断面布置形式。

①一板二带式。一条车道、两条绿化带，是最常见的形式，多用于城市次干道或车辆较少的街道。

②二板三带式。即分成单向行驶的两条车行道和两条绿化带，中间以一条绿带分隔，多用于高速公路和入城道路。

③三板四带式。利用两条分车绿带把车行道分成三板四带式，中间为机动车道，两侧为非机动车道，连同车道两侧的绿化带共有四条绿带。

④四板五带式。利用三条分车绿带将车行道分成四块板，连同车行道两侧的两条人行道绿带构成四板五带式断面绿化形式。

7.1.2.3　城市道路绿地设计原则

（1）道路绿化应最大限度地发挥其生态功能。

（2）为保证道路行车安全，道路绿化应符合行车视线要求。

（3）道路绿化应考虑街道上下附属设施的设置。

（4）树种选种要适地适树。

7.1.2.4　街道绿化设计

（1）行道树绿化设计。

行道树绿带种植是以行道树为主，以乔木、灌木、地被相结合，形成连接的绿带。

①行道树的种植方式。

一是树带式。即在人行道和车行道之间留出一条不小于 1.5 m 的种植带。种植带在人行横道、人流比较集中的公共建筑前要留出铺装通道。此种植方式一般适用于交通及人流不大的路段。

二是树池式。在交通量大，行人较多、人行道又窄的路段采用树池方式。树池的形状可以是正方形，其规格以 1.5 m×1.5 m 为宜，亦可为长方形，以 1.2 m×2.0 m 为宜；还可为圆形，直径以不小于 1.5 m 为宜。

②行道树的选择原则。冠幅大、树叶密；抗性强、耐瘠薄；耐寒、耐旱；耐修剪、落果少，没有飞絮；发芽早，落叶晚。

③确定合理的株距。行道树种植株距要根据所选植物成年冠幅大小来定，行道树种植距离不宜小于 4 m，通常的株距为 5 m、6 m、8 m 等。

（2）分车绿化带。

在现代城市道路绿化中，分车带起来分隔车流及缓解司机视觉疲劳的作用。分车绿带的宽度没有硬性规定，因道路而异。一般最小宽度不宜小于 1.5 m。分车带种植一般采用复层次栽植方式。

分车绿化带种植设计应注意以下事项。一是处理好分车绿带与人行横道的关系。为了便于行人过街分车绿带必须适当分段，一般以 75~100 m 为宜。二是分段尽量与人行横道、大型公共建筑出入口相结合。当分车带与公汽停车站相结合时，在车站的长度范围内应铺装铺砖不进行绿化。

（3）路侧绿带设计。

路侧绿带是位于道路侧方，布设在人行道边缘至道路红线之间的绿带。路侧绿带宽度大于 8 m 时，可设计成开放式绿地，内部设置游步道及园林建筑小品。

路侧绿带布设有两种情形。一是建筑线与道路红线重合，路侧绿带毗邻建筑布设。在建筑物前以植物造景为主，起到美化装饰作用。二是建筑退后红线在道路红线外侧留出绿地，路侧绿带与道路红线外侧绿地结合布置，如与街头小游园、建筑物前绿地相结合。

7.1.2.5 街头小游园规划设计

（1）街头小游园设计内容。

街道小游园以植物种植为主，设立若干出入口，并在出入口规划集散广场；还应设置游步道和铺装场地及园林小品丰富景观，满足周围群众的需要。以休息为主的街头绿地中道路场地占总面积的 30%～40%，以活动为主的道路场地占总面积的 50%～60%。

（2）街头小游园布局形式。

①规则对称式。游园具有明显的中轴线，有规律的几何图形，形状有正方形、圆形、长方形、多边形等。

②规则不对称式。此种形式整齐但不对称，可以根据功能组合成不同的休闲空间。

③自然式布局。此种形式没有明显的轴线，结合地形，自然布置内部道路弯曲延伸，植物自然式种植。

④混合式布局。此种形式是规则式与自然式相结合的一种布局形式。

7.1.2.6 滨河路绿地设计

滨河绿地应以开敞的绿化系统为主。如果水面不十分宽阔，滨河路可以布置得较为简单，除车行道和人行道之外，临水一侧可修筑游步道，树木种植成行。当驳岸风景点较多时，沿水边就应设置较宽阔的绿化带布置游步道、草地、花坛、座椅等园林设施。游步道应尽量靠近水边，在可以观看风景的地方设计小型广场或凸出岸边的平台，同时满足行人的亲水性。

7.1.2.7 步行街绿地设计

步行街内主要以商业店铺为主营。步行街以装饰性强的地面硬化铺装为主，绿化小品为辅。环境设计以座椅、灯、喷泉、雕塑等小品为主，而绿化只是作为其中的点缀。步行街绿化以行道树为主，以花池、花钵为辅，适当点缀店铺前的基础绿化、屋顶、平台绿化等形式，达到装点环境，方便行人的目的。

7.1.2.8 交叉口与立交桥头绿地设计

交叉路口绿地是由道路转角处的行道树、交通岛构成的。为了保证交叉口行车安全，使司机能及时看到车辆的行驶情况和交通信号，在道路交叉口必须为司机留出一定的安全距离，使司机在这段距离内能看到对面开来的车辆并有充分刹车和停车的时间不致发生事故。在安全视距范围内不宜设置过多有碍视线的物体。植物的选择选用低矮灌木。行道树株距在 6 m 以上、干高在 25 m 以上，因为司机仍可通过空看到交叉口附近车辆的行驶情。

7.1.2.9　交通岛绿地设计

交通岛绿地分为中心岛绿地、立体交叉绿地和导向岛绿地。

（1）中心岛绿地原则上只有观赏作用。绿化以草坪、花卉为主，或选用几种不同质感、不同颜色的低矮的常绿树、花灌木和草坪组成模纹花坛。

（2）立体交叉绿地位于主干道交叉口的中心岛，因位置居中，人流、车流量大，是城市的主要景点，可在其中建柱式雕塑、市标、组合灯柱、立体花坛、花台等成为构图中心，但其体量、高度等不能遮挡视线。

（3）导向岛绿地以植物造景为主，可适当点缀景石、雕塑等小品。

7.1.2.10　立交桥绿地设计

绿化设计首先要满足交通功能的需要，使司机有足够的安全视距，在道路转弯处植物应连续种植，起道预示道路的方向作用。在绿地面积较大的绿岛上，宜种植较开阔的皮，再点缀些常绿树或花灌木及宿根花卉，采用街头花园或小广场布置形式。立体交叉绿岛因处于不同高度的主、干道之间，常常形成较大的坡度，应设挡土墙减缓绿地的坡度，一般坡度以不超过 5% 为宜，较大的绿岛内还需考虑安装喷灌系统。

7.1.2.11　公路绿化

（1）一般公路绿地规划设计。

一般公路在此主要是指市郊、县、乡公路。一般公路绿地规划设计是为防止沙化和水土流失对道路的破坏，并增加城市的景观性，改善生态环境条件，以简单的栽植乔木为主。

（2）高速公路绿化。

高速公路绿化应采用视线诱导种植方式，乔灌木连续栽植（柏树）坡体绿化，挡土墙、坪砖、草坪。

（3）铁路绿化。

在铁路两侧种植的乔木距铁路外轨不小于 10 m，灌木不小于 6 m。在铁路上边坡采用草本或矮灌木护坡，防止雨水冲刷不能种乔木，以保证行车安全。铁路通过市区或居民区，在可能条件下应当留出较宽的防护林种植乔灌木，林带宽度在 50 m 以上为宜，减少噪声对居民的干扰。铁路转弯处内径在 150 m 内不能种乔木，可种植草坪和矮小的灌木。在机车信号灯处 1 200 m 不得种乔木，可种小灌木及草本花卉。

道路绿化包括行道树、分车带、中心岛和林荫带等为充分体现城市的美观、大方，不同的道路或同一条道路的不同地段要各有特色。绿化规划在与周围环境协调的同时，各部分的布局和植物品种的选择应密配合，做到景色的相对统一。

7.1.3　城市道路绿地规划的程序

7.1.3.1　单一型

所谓单一型的规划程序，包括以下四个步骤。第一步，在设计部门充分考虑城市的规模、居民的意图和生活水平，以及未来的游憩活动所需要的面积和设施，公害、灾害的发生情况等基础，确定绿地在城市总体规划中的地位和目标。第二步，在调查已有绿地资源的基础上，参照国家规定的规划标准并参考其他城市的实例，根据需求目标进行规划和设计。第三步，绿地规划要根据城市总体规划进行适当的调整，最后确定方案。第四步，要在法律法规的保护和支持下，确保财源，付诸实施。

这种绿地规划程序存在着两个缺点。第一个缺点是，广大市民的意见在规划中得不到充分的反映；第二个缺点是，当规划付诸实施后，能否达到预期的规划目标，缺乏检查核实的方法。因此，当务之急是如何在规划中能充分体现市民的意见以及确定预测规划效果的技术方法。

7.1.3.2　选择型

所谓选择型的规划程序是由几个专家小组分头设计几个方案，让市民从中选出一个最佳的方案。尽管专家们对同一个城市、同一地区的类似问题，利用类似的研究资料进行设计，但由于他们的价值观念不同，设计出的方案也不尽相同。设计者们为使自己的方案入选，在设计方案的过程中，一方面要深入地研究城市或地区的自然和社会条件，另一方面要体察和理解市民的需求。

选择型的规划程序能将市民的意见纳入规划中来，在这一点上比单一型的规划程序有明显的改进。但是，这种类型的规划程序要求市民对规划方案有较高的鉴别水平，往往既费时间又费金钱。同时，它也无法避免单一型规划程序的第二缺点，既事先无法预测方案的后果如何。

7.1.3.3　连环型

所谓连环型的规划程序，就是将规划程序中的各步骤首尾衔接，使之循环起来。从而通过拟定的草案预测既定的目标和主要环节完成的程度，把预先核实好的各个措施纳入规划里。如果这种核实搞得很精确，规划方案就不需要市民挑选，只需规划人员自己稍加修改便可成为很理想的方案。因此，这种类型规划程序具有如下特点。首先，任何步骤一经修改，就会影响全局，牵连每一步骤，并能核对最初的步骤是否合理。其次，易于把所有步骤纳入时间序列里来。再次，易于发现修改规划程序中的哪一步骤，对提高规划方案的整体效果最为有效。最后，能够与城市规划的其他环节相结合，构成全面而系统的方案。

遗憾的是，这种类型规划程序还处于研究阶段，它存在着两大难点。第一个难点是，对绿地效果的预测方法尚未建立起来，因此，还不能依照这种程序来制定规划方案。第二个难点是，科学地测定绿地效果的技术还不够成熟，至于如何能把这种技术纳入规划系统中去，则相差更远。尽管这种类型的规划程序还存在着难题。但是，今后绿地规划程序应朝这个方向努力，因为它是一个整体关联的动态的模型，比单一的静态的规划程序更为科学。

7.2　城市道路绿地规划案例

7.2.1　城市道路绿地的功能

7.2.1.1　环境保护功能

城市道路绿地具有生态功能，道路两旁进行绿地规划能够有效地吸收车辆运行中产生的噪声，吸收车辆运行中产生的尾气，一定程度上还能阻止粉尘和雾霾流向生活区。因此，好的城市道路绿地景观规划有利于改善周边环境。

7.2.1.2　安全功能

首先，城市道路绿地具有引导作用，司机可以根据城市道路绿地的指向前进，避免迷失方向。同时，司机可以把城市道路绿地作为参照物来判断自己的车速，进而有利于提高行车安全。其次，城市道路绿地能够有效地避免火灾蔓延。城市道路上有时会出现交通事故，严重情况下会引发火灾，由于城市道路两边有绿地，所以在一定程度上能够避免火势蔓延到周围的山区或者是生活区。

7.2.1.3　景观功能

景观功能是城市道路绿地最主要的功能之一。景观功能也可以称为观赏功能，城市道路绿地的建设是有一定的观赏价值的。首先，每个城市的道路情况不一样，所以城市道路绿地景观规划也有所差异。而且外地人来城市旅游，最先看到的就是城市道路、绿地景观。因此几乎所有的城市绿地景观在规划时都要考虑美感和设计。其次，我国城市交通干道类型较多，既有主干道，还有次干道。主干道与次干道所起的作用不同，所以绿地景观也会有所差异。但是几乎所有的绿地景观都不仅用树木和灌木丛去装饰，还会点缀一些花朵，增加景观的美感，让行人感觉到视觉上的舒适感。

7.2.1.4 生态走廊功能

整个城市的生态是一个完整的闭环系统，城市道路绿地虽然位于城市内部，但是它却与郊区的山、湖、河、川紧密联系在一起。城市内的绿地景观是维持城市系统生态平衡的重要因素，其主要通过通风遮阴等功能来调节城市内部的气候和湿度，避免出现城市生态系统失衡问题。

7.2.1.5 抗灾功能

首先，城市道路绿地能够起到防火防风的作用。所谓的防火功能就是城市道路绿地不易燃，在道路发生火灾时能够起到隔离作用，避免火灾威胁到居民区和山区。所谓的防风功能就是能够对风产生一定的阻碍，避免大风影响人们的日常生活。尤其是在北方地区，春末夏初的风极大，城市道路绿地通过阻拦大风、降低风速、减少大风对居民区的危害。其次，在洪涝灾害中也发挥重要作用。部分道路地势低，极易受到洪涝灾害的影响，当洪涝灾害突然发生时，行人可以抓住城市道路两边的树木避免被洪水卷走。同时，城市道路绿地的吸水性较强，在一定程度上可以调节洪水，降低洪涝产生的危害。

7.2.2 城市道路绿地景观规划设计的有效途径

7.2.2.1 城市道路绿地景观的设计思路

（1）确定城市道路绿地景观设计中的要素。

首先，在确定城市道路绿地景观设计中的要素时，必须要先明确城市道路绿地景观设计的主题，要根据主题选择合适的设计要素。其次，要明确城市道路绿地景观设计中所需要的要素，可能需要高大的树木、低矮的灌木丛、草以及花卉。所以在设计过程中必须要明确哪些是主设计要素，哪些是次设计要素。最后，在实际设计过程中，还要对主设计要素和次设计要素进一步细分，进而可以让整个城市道路绿地景观设计的思路更加明确，也方便后续更好地开展规划工作。

（2）要注重个性化设计。

每个城市所处的地理位置不同，其城市的自然景观和风土人情也有所差异。因此在城市道路绿地景观设计过程中，要遵循个性化、差异化的原则，要结合城市的特征，因地制宜地开展设计工作。其次，城市中的交通干线较为完善，主干道和次干道数量较多。城市道路绿地景观具有一定的引导作用，能够帮助行人指明行进方向。因此对于主干道和次干道要采用不同的设计方法，要用不同的因素去规划景观设计。一方面能够塑造主干道和次干道不同的美感，同时，通过不同的要素和设计方式，能够让行人更好地分清哪些是主干道哪些是次干道，进而在一定程度上可以保障行人的安全。

（3）城市道路绿地景观规划要有一致性。

虽然在城市道路绿地景观规划过程中强调不同的城市、不同的干道，要采用不同的设计方式和设计因素，但是整个城市是一个整体，因此所有的设计因素和规划方式都要具有协调性。要避免涉及因素不统一，而显得城市道路绿地景观规划非常突兀。因此在城市道路绿地景观规划中要保证整个城市的规划风格具有连续性和一致性。

7.2.2.2　城市道路景观设计方法

（1）主干道的设计方法。

在研究主干道的设计方法时，发现部分主干道设计整体相对呆板，视觉感受较差，不符合当代城市化的发展潮流。因此，在设计主干道道路景观时，必须要了解主干道的特征和功能，然后再优化设计方法，选择合适的设计因素提高主干道的设计水准。

①要明确城市主干道的特征。首先，主干道的交通流量较大。无论是主干道中的机动车道还是非机动车道，车流量和人流量都比较大。所以在进行主干道道路景观设计时要选择高大的树木，避免让人流量和车流量掩盖住了绿地景观。其次，由于主干道的车流量和人流量较大，所以产生的各项废气也比较多，因此主干道的树木要选择枝繁叶茂的，对废气和沙尘吸收作用较强的树木，在一定程度上可以保证主干道的环境质量。最后，主干道一般都是笔直通达，是连接其他各个城市的关键要道。所以主干道上的绿地景观必须要有指向作用，在设计过程中要突出路径属性，让行人在主干道行驶时能够更好地明确行进方向。与此同时，主干道上的车辆行驶速度比较快，因此为了避免出现交通事故，所选择的绿地景观要有一定的标识，方便司机能够根据景观来判断自己的车速。

②主干道道路景观设计要考虑季节变化因素。南方地区气候比较温和湿润，树木四季常青。但是北方地区由于受到四季更替的影响，大部分树木都无法四季常青，所以在主干道道路景观设计过程中要随着季节的变化去变换景观中设计要素。

（2）交通次干道的设计方法。

交通次干道与交通主干道相比，其车流量和人流量都会偏少，所以所采用的道路景观设计因素也有所差异。

①城市交通次干道和主干道共同构成了一个完整的交通系统，所以在城市交通次干道的景观设计过程中，既要突出与主干道之间的差异性，同时设计风格还要与主干道保持一致。所谓的差异性，就是次干道是连接主干道的关键节点，为了让司机和行人更好地区分主干道和次干道，所以道路绿地景观设计因素在选择上要具备一定的差异性。所谓的协调性就是主干道和次干道是一个完整的交通网络，是城市的主要标志，为了避免突兀，其整体的设计风格要保持一致。

②由于主干道和次干道所承担的交通功能有所差异，因此在对次干道道路景观设计过程中要根据次干道的功能去选择合适的设计要素。次干道的道路比较窄，所以次干道就不必设置隔离带，但是道路两旁还是要种植一些能够吸附粉尘和噪声的树木。同时次干道主要连接生活区，所以次干道道路景观的修剪频率较高，因此可以在次干道设置一些低矮的灌木丛和便于修剪的花卉。

（3）生活性街道的设计方法。

生活性街道是与生活区联系最为紧密的街道，所以道路景观设计要更加重视丰富性和美观性。首先，生活性街道行人比较多，所以为了保障行人的安全，可以在机动车道和非机动行车道中设一道隔离带，选择比较高大的树木或者是当地有特色的树木作为隔离带隔离机动性车道和非机动车道。其次，生活性街道也是居民遛弯、跑步的重要场所。所以在生活性街道设计道路绿色景观时可以随着季节的变化更换不同的花卉。最后，生活性街道因为紧挨着生活区，可以在对生活性街道进行绿色景观设计时，要根据各个生活区的特色去选择不同的花卉和绿植。除此之外，虽然生活性街道所发挥的作用与主干道和次干道有所不同，但是生活性街道也是整个城市的重要组成部分，因此在设计风格上与主干道和次干道不要有太大的差异，还是要保证整体的协调统一。

7.2.3 以武汉金银湖环湖路景观规划设计为例

7.2.3.1 工程概况

武汉金银湖位于西湖区东南部、汉口城区西部，地理位置优越。金银湖视野开阔、水质清澈、自然条件良好，而且是东西湖区主要城镇集中地区之一，具有较大的发展潜力。武汉金银湖环湖路景观规划，道路全长 9 422.82 m，总面积

671 526 m², 其中分车带绿化面积 110 698 m², 隙地绿化面积 580 827 m²。该项目围绕金湖、银湖进行建设，受亚热带湿润季风气候的影响，日照充足、雨量充沛，降雨量主要集中在 6 ~ 8 月，主要以黄棕壤土为主，还有少量红壤土，给景观建设创造了良好的自然条件。武汉金银湖周边交通路网发达，对于主干路和次干路，均能满足需求，同时金银湖环路安全、宁静，目前现状路面正在进行施工，在交通条件方面，为环湖路景观的建设奠定了良好基础。同时由于道路的拓宽，造成该地区许多植物受损，而且已经成型的楼盘绿化缺乏整体性及连续性，对于视线范围内的临水植物，具有良好的生长条件，可以作为环湖路景观建设的条件。

7.2.3.2　设计手段

在本项目规划过程中，主要分为三部分，即道路绿地、道路边分带绿化以及隙地绿化。在设计道路绿化时，对于行道树只选择 1 种，并利用行道树将整个道路景观框架串联起来。在道路边分带绿化设计时，强化四季有景的概念，并将这一概念充分融入设计中，使道路边四季都有不同的景色，更好地让行人进行欣赏。隙地绿化设计主要分为两部分，一部分是较窄处的隙地设计，采用高中低植物进行绿地景观设计；另一部分为较宽处的隙地，根据实际情况进行活动空间的合理设置，使景观绿化更具参与性。

7.2.3.3　设计原则

本项目遵循以下设计原则。

（1）生态性。在设计过程中，应尽量减少对原有生态环境的破坏，在生态优化基础上进行城市道路景观规划设计，既要满足景观功能，又要满足生态功能。

（2）因地制宜原则。应充分考虑当地气候条件、土壤性质等因素，以此为依据选择合适的植物，保证环境能够适宜植物生长，提高植物成活率。

（3）景观多样性。植物应尽量多种多样，进行合理配置，打造多层次、丰富的自然景观。

（4）经济实用性。道路绿色景观不仅可供人们欣赏，同时还应具有丰富的功能，提升道路绿色景观建设的经济效益。

（5）可持续发展。设计道路景观时，应满足未来时代不断发展的需要。

7.2.4　城市道路绿地景观规划的具体设计

7.2.4.1　道路绿地设计

行道树绿化设计是道路绿地景观规划设计的重要组成部分，因此对于行道树绿化设计至关重要。一般情况下，行道树都是成排种植，主要采用两种植物，一种是树大荫浓的常绿乔木，另一种是落叶乔木。这两种植物采用组团式种植方法，可以避免成排种植的单调感。同时，还应做好隔离带设置。两侧隔离带主要有两种功能：一是车行道和非机动车道的分界线，二是非机动车和机动车的安全隔离带。因此，其组织形式应更加有韵律，绿色空间应呈立体形式。种植植物时，还应分为道口部分和标准段。在道口部分进行设计时，对于上层设计，应充分考虑出入功能特征，为了突出变道端头，应采用变化丰富的植物进行景观营造；为了保证视线通透性，还应根据新行车速度以及停车视距合理计算实现通透距离。在本项目设计过程中，非机动车道进入主道口端头，不应在 15 m 以内种植植物，以保证行车安全。对于下层设计，采用植物平铺和景石点景，可以起到良好的衬托作用，使上层树木视觉效果更佳。在标准段进行设计时，对于上层设计，采用如栾树等冠幅舒展的大乔木，也可采用如紫薇等形态叶色丰富的小乔等，采用组团式种植方式，形成良好的植物群落，给人以美感；对于中层设计，主要以低矮小乔作为主要植物，并用球类植物加以点缀；对于下层设计，应临近边缘进行植物种植，主要起衬托作用，使上层植物及中层植被效果更加良好。

7.2.4.2 分车带设计

（1）四季植物选择。

①在春季，乔木层植物有香樟、紫玉兰等，灌木层植物有垂丝海棠、晚樱等，地被层植物有杜鹃、红花酢浆草等。

②在夏季，乔木层植物有香樟、法桐等，灌木层植物有紫薇、栀子花等，地被层植物有红花继木、金叶女贞等。

③在秋季，乔木层植物有杜英、丹桂等，灌木层有红枫、木芙蓉等。

④在冬季，地被层有大花六道木、金叶女贞等，乔木层有雪松、马尾松等，灌木层有紫薇、素心蜡梅等，地被层有杜鹃、麦冬草等。

（2）四季分色处理。

选择植物时，还应考虑进行分色处理，根据不同季节对应相应的分色。如春季，应种植一些开花的植物，呈现五彩缤纷的景观；在夏季，适合种植一些枝叶茂盛的高大树木，主要以绿色为主；在秋季，可以种植一些带有秋天意境的植物；在冬季，应种植一些四季常绿植物。总之，不同季节，对应不同的颜色。同时，还应进行分类处理，使四季都展现出不同的风景。例如春季，植物应尽量茂盛；夏季，高大的植物应尽量浓密；秋季，给人一种野趣；冬季，给人一种旷逸的感觉。

7.2.4.3　隙地绿化设计

在隙地绿化设计过程中，主要采用自然式种植形式，包括孤植、丛植及偏植等方式，进行小型生态园林的营造。采用塔形且高耸的水杉、池杉作为背景树，将其种植在隙地最外一侧，整体绿化骨架进行片植，应采用大乔木，如樟树、银杏及朴树等，乔木层植物可采用桂花、樱花等，形成中间层绿化景观。还可采用观赏价值较高的观花及观叶植物进行点缀。在隙地植物设计过程中，应保证疏密有致，隙地后建筑群景观，可以通过通透走廊使二者充分融合。

7.2.4.4　景观铺装设计

景观铺装设计是道路绿色景观设计的重要组成部分，主要分为三个部分，即硬质铺装、木质铺装及景观栈道。广场、人行道以及服务通道需要进行硬质铺装；在广场以及各景观节点开放空间处，主要采用花岗岩等石材铺装，考虑到海绵城市的开发建设，透水砖的应用也逐渐普遍起来，渐渐成为设计的时尚；在游憩廊道等地方，采用景观木栈道或卵石小路铺装，增加设计感和散步时的情趣。

7.2.4.5　照明灯具设计

照明与道路绿色景观建设节能减排有关。在照明设计过程中，一方面应保证照度满足人们行走及行车需求，另一方面应避免照度过大给行人造成刺眼眩光。同时，灯具造型美观，应与树木融为一体。在人行道照明灯设置过程中，应严格控制照明灯的高度，控制在 3 m 以内，并合理控制照明灯设置的密度，既要满足平时的照明需求，也要满足节日的需求。对于绿地照明，应选择颜色与植物相接近的灯具，将其尽量隐藏在景观中，避免不照明时对整个道路绿地景观产生不利影响。

7.2.4.6　可持续发展战略

随着我国可持续发展战略的提出，其应用越来越广泛，将其融入现代道路景观规划设计中，应建立相关的城市配套设施。首先，可以建立雨水收集和利用系统，将雨水收集后采取一定的手段进行处理，达到排放要求，回收的雨水可以用于浇灌、洗车等，部分径流水进入地下，补充地下水资源。其次，可通过植物及土壤，减少地表径流的污染，对地表径流进行有效控制。在设计雨水收集场地时，应选择雨水径流较大的位置，建设在阳光充足的地方，对于靠近供水系统的位置则不能进行建设。由于城市道路集中了径流雨水及污染物，因此对道路径流雨水控制至关重要。

第8章 城市广场规划设计

8.1 城市广场规划的概念、内容和程序

广场是为人服务的，人是广场的行为主体，而广场是深入人心理、行为、文化等方面的空间环境。只有充满人文关怀、符合人的行为特征，具有环境意识的广场才是人性化的广场。而如何将人性化设计理念具体落实到城市广场中去，在城市广场空间中体现人文关怀则是本章的研究目的。

8.1.1 城市广场规划的概述

8.1.1.1 城市广场的概念

城市广场是为满足多种城市社会生活需要而建设的，以建筑、道路、地形、植物等围合，以步行交通为主，具有一定的思想主题和规模的城市户外公共活动空间。

《城市绿地分类标准》（CJJ/T 85—2017）中广场用地为 G3 类，定义为"以游憩、纪念、集会和避险等功能为主的城市公共活动场地"。对这一概念的理解应注意以下几点：不包括以交通集散为主的广场用地，该用地应划入"交通枢纽用地"；要求绿化占地比例宜大于或等于 35%；绿化占地比例如果大于或等于 65% 的广场用地应计入公园绿地。

城市广场是城市中人流密度较高，聚集性较强的开放空间，是集中展示城市风貌、文化内涵和城市环境景观等各个方面的场地，基于环境质量水平的考量以及遮阴的要求，应具有较高的绿化覆盖率。

8.1.1.2 城市广场的作用

（1）城市广场。

城市广场在建筑专业视角下被认定为城市公共空间的一部分，主要的功能是满足各类城市活动的要求。城市广场一般是通过植物景观手法进行空间限定的表达一定主题要素的城市公共空间节点。城市广场最早起源是远古人类进行集会和

祭祀行为的场地，故广场功能属性比较简单，是人们举行祭祀等集会的公共区域。人类不断进步伴随着城市的前进，广场的可以被解读为广义和狭义两类。狭义解读认为城市广场是被实体、绿化和街巷空间所限定的城市公共空间；而广义的理解认为城市广场是通过硬质铺装为城市各类活动提供开放性场地的区域，广义性是指其包括围合城市广场的空间环境等物质。城市广场的分类方式有许多种，例如城市广场就其性质划分，可分为文化类、商业类、交通类、休闲类等性质的广场。城市广场有三个主要特点，即公益性、开放性和公共性，而且需要兼具特色、场所、范围这三要素。城市广场作为城市居民精神活动的场地，为民众例如健身、娱乐、休闲等类型活动的顺利开展提供了便利条件，并且加强人们相互间的关系，促进整个城市的安定团结。城市广场在精神层面上对于城市主体而言具有象征性含义，在体现城市特有精神的同时它也在传递着历史，所以城市广场是典型的具有积极意义的一类场所空间。

（2）城市广场的功能作用。

城市广场最初是为了部落祭祀、集会需要产生的，再后来逐渐发展演变过程中广场的功能作用越来越多样。祭祀、集会—商品交换—议事、礼仪、纪念等功能不断地完善，到如今城市广场的建设主要是为了服务市民、缓解城市交通压力，恰当的城市广场设计甚至会为周边地块带来新的活力。通过梳理广场的发展过程我们可以看到其所能承载的活动类型是在不断丰富的，这些活动有一个共同点那就是社会公共活动，这就决定了城市广场的公共属性。如今城市广场可以扮演以下几个角色。

①市民生活的"会客厅"。城市广场承载着市民生活中集会、休闲、娱乐和健身等多种功能活动，具有很强的公共属性。城市广场就像家里的会客厅一样，大家在此聚会、闲谈增进人与人之间的感情，城市广场这个"会客厅"充分扮演着社会大家庭中的角色，促进社会前进。

②道路交通的枢纽。如今城市广场的建设在缓解道路交通压力方面发挥着越来越重要的作用，场地内的停车、短暂停留等都可以在疏导交通方面发挥作用。与此同时广场中轴线与道路的走向关系的不同，同样可以增加空间趣味性和层次性。

③建筑联系的纽带。城市内部的广场通常被周围高大建筑物所限定，城市广场又是连接建筑的纽带，使其成为一个整体，同时做到疏密有序空间完整，因此城市广场的流动性串联起了建筑实体空间。

④娱乐交流的场地。现代城市广场主要面对市民这一受众，场地内小品、绿植的设置，可以吸引人驻足停留，为人与人之间交流分享创造条件；同时广场的娱乐属性也增加了城市生活的趣味性，促进市民的身心健康发展。

8.1.1.3　城市广场的类型

"广场"一词源于古希腊，最初它是指由各种建筑物围合而成的一块空旷的场地或是一段宽敞的街道。广场成为当时城市的象征，在功能上，它是当时的市政机构向公民宣读政令、公告和公民集聚议论政事的场所，也是人们从事商品交换的集市。我国城市广场发展较晚，由于历史文化背景不一样，广场的类型也不尽相同。广场多为商品交换的场所，而且这种城市规划思想一直影响着古代城市广场的建设。随着现代社会生活方式的变化和经济技术水平的提高，人们对广场的依赖感加强，广场的发展追求功能的复合化、布局的系统化、绿化的生态化、空间的立体化、环境的协调化、内容与形式的个性化、理念的人性化。按城市广场的性质可分为集会游行广场、纪念广场、休闲广场、交通广场和商业广场等。但这种分类是相对的，现代城市广场大多是多功能复合型广场。

（1）集会游行广场。

早在古希腊时期就出现了集会游行广场。这种广场周围大多布置公共建筑，除了为集会游行和庆典提供场地外，同时也为人们提供休闲、旅游等活动的空间。广场上通常设绿地、花坛，形成整齐、优雅的环境，如莫斯科红场。

（2）纪念广场。

早期广场的修建充分体现了君权主义的建筑思想，表达了对君主专制政权的服从。纪念广场在表现形式、设计手法、材质等方面，应达到与主题协调统一的要求，形成庄严、肃穆、雄伟的环境。如雄伟壮观的北京天安门广场，在广场中央还修建了人民英雄纪念碑，又分别在广场的西侧修建了人民大会堂、东侧修建了中国革命博物馆和中国历史博物馆、南侧修建了毛主席纪念堂。

（3）休闲广场。

休闲广场是集休闲、娱乐、体育活动、餐饮及文艺观赏为一体的综合性广场。欧洲古典式广场一般没有绿地，以硬质铺地为主，通常利用地面高差、绿化、雕塑小品、铺地色彩和图案等多种空间限定手法对空间进行限定分割，增强空间的层次感，以满足不同层次、不同文化、不同习惯、不同年龄的人们对休闲空间。

（4）交通广场。

交通广场是城市交通系统的重要组成部分，是连接交通的枢纽。例如，环形交叉广场、立体交叉广场和桥头广场等，其主要功能是起到合理组织和疏导交通的作用。交通广场可分两类，一类是起着城市多种交通会合和转换作用的广场；另一类是由城市多条干道交会所形成的交通广场，主要起着向四面八方高效分流车辆的作用，如我国的大连人民广场。大连人民广场绿化设计采用草坪铺地，以确保驾驶员的视野开阔，是一个较好的交通广场设计。设计交通广场时，既要考虑美观又要观照实用，使其能够高效快速地分散车流、人流、货流，以保证广场上的车辆和行人互不干扰，顺利和安全地通行。

（5）商业广场。

商业广场是指位于商铺、酒店等商业贸易性建筑前的广场，是供商品交易活动使用的广场，其目的是方便人们娱乐、餐饮、集中购物，它是城市生活的重要中心之一。商业广场的花草树木的配景也不容忽视，合理的草木设置不仅能丰富城市的节令感，而且能增加城市的趣味。当然，公共雕塑（包括柱廊、雕柱、浮雕、壁画、旗帜等艺术小品）和各种服务设施也是必不可少的。哈尔滨建筑艺术广场以圣索菲亚教堂为中心，视野开阔，它独有的魅力吸引了很多人。

8.1.2 城市广场规划设计

随着城市的发展，人们对户外空间的要求也呈现出多元化，因此现代城市广场往往是多功能的复合体。

8.1.2.1 城市广场的规划设计原理

（1）人性化设计原则。

在对现代城市广场进行规划设计之前，规划设计人员要充分考虑该广场的功能，确保其能够满足当地绝大多数居民对户外休闲活动的需求。因此，规划设计人员要落实好以人为本的人性化设计原则，对城市广场的规划设计进行优化与完善。比如，在对城市广场的空间尺度进行规划设计的时候，规划设计人员要根据该广场周围居民的数量来合理设置人们的活动空间，满足当地民众的人际交往需求。在设计城市广场设施设备的尺寸时，则要依据人体工学进行设计，提高用户的体验感，使得用户使用起来更加安全舒适。为了方便人们在活动后休息，规划设计人员要注意在视野开阔的地方设置具有特色的休息座椅。

（2）地方特色文化设计原则。

由于城市广场是现代城市在建设发展过程中进行文化传播的重要场所，设计人员在对其进行规划设计的过程中要充分考虑到与当地的文化内涵相结合，以提升城市居民对于广场的认同感和归属感。除此之外，将地方特色文化融入城市广场规划设计当中，能够使广场吸引到更多的外地游客，促使当地城市文化实现更好的传播。比如，洛阳自古以牡丹闻名天下，牡丹品种已达到 1 000 多种，其牡丹文化历史底蕴深厚。洛阳市涧西区建成于 1996 年的牡丹广场，作为市民休闲生活广场，一直深受广大市民欢迎，可以说是当地的地标。如今的牡丹广场，牡丹元素贯穿其中，设置有大型牡丹雕塑，开辟有牡丹花种植区，新建有功能完备的健身娱乐场所，而且临近地铁，是市民游玩的好去处，也是游客了解洛阳牡丹文化的一个新窗口。

（3）系统与整体设计原则。

在实践工作中，规划设计人员必须遵循系统与整体的设计原则，确保城市广场的规划设计与当地城市的规划设计保持协调统一。规划设计人员在现代城市广场多元化功能的发展要求下，可以采用科学的功能分区方法，将广场规划设计成具有不同功能的亚空间，类似于城市规划设计中的具有不同侧重点的发展区域。值得注意的是，在设计亚空间时，要控制好每个亚空间的大小。如果亚空间过小，则容易侵犯到人们的活动隐私；如果亚空间过大，容易拉远人们的人际关系。

8.1.2.2　城市广场的规划设计要求

城市广场因其性质的不同，在进行规划设计时有不同的要求。

城市广场有着"城市客厅"的美誉。广场是典型的公共开放空间，城市居民特定环境活动开展的地方。一般位于城市道路的交汇处、空间结构的转换处以及城市或片区的中心位置。作为城市或片区的核心空间，广场应该充分体现其精神内涵和形象特征。

城市广场按其性质、用途及在道路网中的地位分为公共活动广场、集散广场、交通广场、纪念性广场与商业广场等五类。有些广场兼有多种功能，应按照城市总体规划确定的性质、功能和用地范围，结合交通特征、地形、自然环境等进行广场设计，并处理好与毗连道路及主要建筑物出入口的衔接，以及和四周建筑物协调，注意广场的艺术风貌。

广场应按人流、车流分离的原则，布置分隔、导流等设施，并采用交通标志与标线指示行车方向、停车场地、步行活动区。各类广场的功能与设计要求如下所述。

（1）公共活动广场。

公共活动广场主要供居民文化休息活动。有集会功能时，应按集会的人数计算需用场地，并对大量人流迅速集散的交通组织以及与其相适应的各类车辆停放场地进行合理布置和设计。SCAPE 工作室设计的"第一大道水广场（First Avenue Water Plaza）"既是一个活跃的公共空间，也是一个功能性的水过滤系统。水广场位于 Copper 大厦停车场上方，为应对多种类型的降雨，利用分层集水系统激活广场。

（2）集散广场。

集散广场应根据高峰时间人流和车辆的多少、公共建筑物主要出入口的位置，结合地形，合理布置车辆与人群的进出通道、停车场地、步行活动地带等。飞机场、港口码头、铁路车站与长途汽车站等站前广场应与市内公共汽车、电车、地下铁道的站点布置统一规划，组织交通，使人流、客货运车流的通路分开，行人活动区与车辆通行区分开，离站、到站的车流分开。必要时，设人行天桥或人行地道。大型体育馆（场）、展览馆、博物馆、公园及大型影（剧）院门前广场应结合周围道路进出口，采取适当措施引导车辆、行人集散。

（3）交通广场。

交通广场包括桥头广场、环形交通广场等，应处理好广场与所衔接道路的交通，合理确定交通组织方式和广场平面布置，减少不同流向人车的相互干扰，必要时设人行天桥或人行地道。

SCAPE 与 ENNEAD 建筑师合作，重新设计了纽约皇后区标志性和历史悠久的科学馆周围的 25 000 平方英尺的公共广场。科学馆是为 1964 年的纽约世贸会在法拉盛草原 - 科罗纳公园建造的。在其原始设计中，露台由包含大都会三面的水景特征组成。新的愿景和多用途设计采用起伏的种植物反映建筑物的特征几何，并为不同的活动策划性地划分空间，塑造小型教育和聚会机会。这些植株还在土地上升和下降时，为空间提供不同程度的筛选，增加了露台景观的视觉兴趣和隐私，还可以利用下面废弃的喷泉，以增加土壤深度，促进树木和植物的健康和长寿。

（4）纪念广场。

纪念性广场应以纪念性建筑物为主体，结合地形布置绿化与供瞻仰、游览活动的铺装场地。为保持环境安静，应另辟停车场地，避免导入车流。

8.1.2.3 城市广场绿地的设计要点

在当代城市生活中，园林景观已融入了人们的日常生活中，逐渐成为人们休憩游玩的主要场所，深受人们重视。城市广场是人们进行交往、观赏、娱乐、休憩等活动的重要公共空间，在广场空间的建设中，应贯彻以人为本的原则，重视公众的参与性，空间应从多个层面进行规划，满足不同年龄层次、不同文化层次、不同职业层次的市民对广场空间的需要，不同的需求对广场空间的划分提出了更高要求。本次主要提升入口广场、活动广场、五环广场及增加林荫广场。优化入口广场空间，划分多层次空间，新建四组异型花坛，分流入口人群。在活动广场增加16组健身器材，提升现状铺装。五环广场面积过大，空间单一，市民停留休憩的空间较少，新建12组树池座凳，既增加了林下活动空间，又划分了空间层次；在现状绿地内黄土裸露较严重的区域，利用大树树荫，地面用彩色混凝土铺装，增加休闲座凳，打造林荫休闲空间，可满足市民不同的活动需求。

广场绿地在城市广场里有着非常重要的组成作用，在整个绿地的设计中应该保持与周围环境的一致，同时要兼顾城市广场其他的一些作用，这样能够让绿地的整体设计不显得突兀，从而起到更好的效果，在进行城市广场的绿地设计时，可以考虑更多种类的自然景观，比如树木、花朵、草坪、水、动物这一系列的各种自然环境，这在整个城市广场的绿地建设中占了非常大的比重，注重生态环境的广场有很多特别成功的例子。如深圳的华侨城生态广场，整个广场无论是自然景观还是其中的人造景观，都是根据当地的原始地貌进行改建的，不论是建成之后的整体效果，还是生态广场与周遭自然环境的融入做得都十分到位。在进行广场的绿地设计时可以多考虑一些水环境的利用，既能增加视觉上的冲击力，同时又能让整体环境更加自然和谐。城市广场中的绿地设计最主要的目的就是让人们在忙碌的生活中可以更好地放松，是休闲性与自然景色的完美融合，在整体的设计风格里能够清晰地体现出设计者对于城市自然的自我认知，在对广场绿地的设计中首要任务就是对于环境的考察，然后特别针对广场的总体性质来制定设计风格，就比如说广场的设计初衷就是一个集会性质的广场，而集会广场一般人流量都会更多，会成为一个城市的中心，可以带动整个城市的发展，这类广场在设计里需要充分考虑到建设主体材料的搭配，以石料为主，这种配置的广场对于环境设计里一般不能直接去配备大量花草，以防人为破坏，但在各种大型节日当中，为了满足庆典需求可以额外地去放置一些盆栽，通过这种形式来搞活气氛。还有很多城市在构建之中都会去做以纪念性质为主的广场，以此来纪念某些人、事、物，而在建设这种广场时，设计者主要就是需要考虑纪念主题建筑，这种建筑可以是雕塑可以是钟塔楼，也可以是其他的一些东西，像是雕塑的话可以通过更多的草坪与花朵来进行衬托，各类建筑可以通过一些树木来烘托气氛，这部分的广场绿地设计能更好地突出纪念主题。

8.2　城市广场规划案例

8.2.1　地域性文化符号在城市广场设计中的运用研究 —— 以成都市天府广场为例

8.2.1.1　成都天府广场对于地域性文化符号的运用

如前文所说，城市广场建设满足功能层面的意义是基础，更需注重精神层面的意义，且精神层面的意义应立足于城市地域性文化符号的挖掘。对于地域性文化符号在城市广场设计中的运用案例，以成都市天府广场为例，着重阐述如何利用城市历史背景的途径，挖掘地域性文化符号，进行城市广场设计。

8.2.1.2　成都历史背景简述

历经几千年的历史沉淀，成都有着丰富的地域文化，从历史文明上看，成都历经了宝墩文化、三星堆文化、十二桥文化以及晚期的巴蜀文化，横跨新石器时代晚期至春秋战国时期 2 000 余年。从地理上看，成都是上游之都，古蜀先民从一开始就在探寻人与水的关系，逐水而居、因水而兴、治水而利。且成都的青城山是道教的发源地，道教崇尚天人合一的观念。

8.2.1.3　天府广场简述

天府广场占地 8.8 万 m²，长宽比为 1.5∶1，位于成都市青羊区，地处成都中心地带，北邻四川科技馆，西近成都博物馆，周遭遍布着各大商场及城市主要功能建筑。天府广场，也被称为人民南路广场，由贝氏事务所设计，以"天府之国，上善之都"为设计主题。天府广场的建设旨在实现文化传承、交通、休闲、旅游四个目标。整个广场由中部曲线分为两部分，以下将从广场的太极造型、中心的太阳神鸟、十二图腾柱与十二文化主题雕塑群、水体设计、地面灯具设计以及地铁入口及扶手玻璃分析地域性文化符号在天府广场设计中的运用几个方面进行介绍。

8.2.1.4　天府广场对于文化元素的运用分析

（1）广场太极造型。

青城山属道教名山，相传东汉张道陵曾于此修炼，而道教是唯一在中国发源，由中国人创立的宗教。天府广场的广场整体造型中采用了太极图案，以此展示成都青城山是道教的发源地。太极讲求和谐统一，太极图案作为广场整体造型不仅意指成都历史背景，更体现成都文明发展中的包容品质。

（2）太阳神鸟造型。

太阳神鸟造型位于天府广场中心位置，整个造型分为内外两圈，内圈十二条锯齿状太阳动态旋转，外圈四支凤鸟逆时针环绕，且太阳与凤鸟的方向正好相反，生动地再现远古人类"金乌负日"的神话传说。太阳神鸟造型的运用体现了古蜀人丰富的哲学思想与宗教思想，非凡的艺术创造力、想象力和精湛的工艺水平。而在太阳神鸟下部，围绕着一圈青铜兽面。青铜兽面似一对夔龙向左右展开状，卷角，长眉直达龙尾，长直鼻，大眼，阔口。先民将这种面相凶猛的神兽作为辟邪的神物加以崇拜。

（3）十二图腾柱与十二文化主题雕塑群。

十二图腾柱与十二文化主题雕塑群位于广场四周，柱体直径1.2 m，高为12 m，太阳神鸟的暗纹置于顶部 Led 灯球。图腾柱的主体造型采用了金沙遗址出土的玉琮为轮廓外形，基底为三星堆的顶尊底座，上下两侧的装饰则是金沙眼形器纹以及三星堆的云纹。在十二柱的背后，则是十二文化主题的雕塑群，在雕塑群中还展示了红军近代的辉煌历史。

（4）水体设计。

水体设计包括了天府广场北端的两处音乐喷泉以及两处鱼眼喷泉。古蜀与水结缘，天府广场的主题为上善之都，上善若水，因此水体的设计隐喻着该思想的表达。音乐喷泉将声光电融为一体，伴随着为成都谱写的十二首曲目跳动。而两处鱼眼喷泉在柱体上分别盘旋着一条金色巨龙，象征着华夏民族两大文化体系——黄河文化及长江文化。其中在下城广场的鱼眼喷泉底部，按照四个方位摆放着四个浮雕——北玄武、南朱雀、冬青龙以及西白虎。四个浮雕分别代表着水、火、木、金四种属性。

（5）地面灯具设计。

天府广场的地面灯具围绕太极图案，在灯具点亮时描绘出太极轮廓。灯具的设计不是简单的圆形点灯，而是提取成都历史背景中的文物，作为文化装饰符号。地面灯具的文化装饰符号四个为一组，二方连续排列，包括太阳神鸟的十二锯齿内圈造型及其变形、商铜太阳形器造型、商周螺形器造型，周边辅以云纹衬托。商铜太阳形器是商代的青铜器，阳部中心圆孔，晕圈上等距排布五个圆孔作为安装及固定作用，寓意蜀人对太阳神的崇拜。商螺形器现藏于金沙遗址，螺形器逆时针旋呈螺壳状，被认为某种装饰物。

（6）地铁入口及扶手玻璃设计。

在天府广场的设计中，不单在地面灯具设计以及十二图腾柱设计上采取了文物变为文化符号的方式，此方式同样用在了地铁入口及扶手玻璃设计中。天府广场地铁站共有十个出入口。每个出入口在地面都有根据文物名称的命名，并在扶手玻璃处配以文物造型作为装饰。其中包括玉环口、玉璧口、玉羽口、玉牙璧口、玉贝口、玉琮口、玉璋口以及玉戈口。上述玉器现藏于金沙遗址博物馆和三星堆博物馆，均是在成都历史背景中具有代表性的出土文物。

8.2.1.5　小结与展望

城市广场被誉为城市的灵魂，体现着城市的精神与城市的风貌。城市广场建设应重视地域性文化符号的挖掘与运用，使城市广场具有地域性，当地居民有归属感。以成都天府广场为例，天府广场在建设中应用了大量具有地域性的文化符号，将古蜀文化汇聚一堂，成为了成都的名片，是地域性文化符号运用在城市广场设计中值得学习的案例。同时，天府广场的建设依旧存在着某些方面的不足，例如小品的尺度感等。就地域性研究而言，其是针对城市趋同背景下提出的解决途径，理论为先导，实践成果为目的。因此，关于地域性的研究不仅要做到思想的传播与宣扬，更要分析典范，取其长处，建设出具备城市特色的广场。

8.2.2　城市广场景观多元化和生态多样性设计研究 —— 以福州高新区城市中央广场设计为例

8.2.2.1　设计理念

该方案以"创新的网络、生命的细胞"为设计理念，凸显"核心景观、共融共享、高效简洁、自然生态"的原则，以曲线为构图元素，一反广场设计横品竖直的格局，希望通过自然的曲线，构筑多样自然舒适的空间体验。通过不同的可达性路径，与不同的建筑空间形成大小不一、形式多样的绿色生态岛。同时自然的斑块、生态的格局使得每个建筑、每位使用者都能共享自然。

8.2.2.2　设计原则

总体方案设计通过中央共享的绿色空间，构建便捷可达的广场交通，同时又通过支路，与周边建筑出入口进行衔接，划分出不同的私密空间，形成动静分明的总体格局。

设计注重以下几个方面的原则。

（1）人本原则：广场设计不能只满足景观方面的需求，应以人才为本，亲人宜人；以周边高新企业人才的工作生活游憩情感等各方面需求为主导，设置广场的各个功能分区，包括中央开放空间，两侧私密林荫空间，交流共享空间等多种空间形式，以满足不同的使用需求。

（2）功能原则：广场的使用需满足不同群体的使用需求，凸显实用、简洁。要打破以往大而空的广场空间功能，包括穿行、驻足、游憩等功能，同时也满足集市、展会等各种聚集性活动功能的需求。

（3）生态原则：优美健康、人与自然共生。虽然本项目为广场用地，但在景观设计上充分考虑了生态的多样性。作为城市的建筑群中的绿岛、材料和植物造景，需要生态环保，体现对大自然的亲近与回归。

（4）可持续原则：放眼未来，注重空间的可衍生性及能源与资源的节约化。铺装、座椅等细节采用坚固且与自然环境相协调的天然石材。精巧的细节设计，也便于日常的维护养管需求。

（5）时代性原则：中央广场作为高新区的客厅门户，需要具有一流景观风貌，同时具备时代精神和开放包容的精神；同时融入智慧公园的体验。

（6）文化性原则：以文化活动为主要内容，文化特征明显，能体现地方精神及一定的环境文脉。在景观营造方面，需要体现文化的传承、发展和创新，让游人感受传统和现代文化的气息。

8.2.2.3 设计策略

城市广场的空间环境与使用方式，如今被赋予了更多新的意义，现代城市广场以丰富城市的人文活动为主要目的，呈现出综合性、多样性的需求。从使用者的行为需求出发的空间，合理的交通流线和空间布局，是城市广场建设要解决的重要问题，既要形成一个共享空间，又要保证可达性。同时，要充分挖掘场地的人文特色，体现高新区的城市风貌，形成高新区的会客广场；注入一定的业态与活力，打造高新技术人才放松和交流的场所。因此，设计试图通过景观的多样化和生态的多样性两个方面为切入点，实现现代城市广场作为公共景观场所精神与景观功能的融合，将城市客厅需求、广场功能、人才交往、生态功能进行融合，打造集景观、休闲、生态于一体的城市智慧空间，为使用者提供休闲互动的空间，全面建设宜学宜业宜居宜游的科技产业新城。

（1）广场景观的多元化。

①疏密有致，空间的多元性。

广场设计充分考虑了周边使用群体为高新科技人才，作为中央广场，可给人放松、交流、共享、愉悦的感受，因此在场地设计的尺度空间不再单纯强调宏伟、严肃，而是以多样的空间形式，打造开放自如、公开私密相结合的多种空间形态。

中轴的开放空间：一方面作为形象区域和交通串联区域，另一方面为将来高新区举行各种活动预留了空间。由曲线划分为 500 ~ 1 000 m² 不等的空间，有利于将来举行各种公益活动。

两侧的私密空间：广场两侧由林荫私密空间构成，与周边建筑的出入口相衔接，方便进入和穿行，同时形成了半私密的空间，也是交流共享休憩的场所。

交流共享空间：以服务建筑为核心，台阶木平台为辅助，形成了广场中央将来可供文化交流、文化展示的共享空间。

②以人为本，功能的多元化。

不再以广场硬质形象铺筑为主要功能，而是考虑各种休闲娱乐活动的需求，包括小型的观演平台，便于形成企业及个人的展示空间。

可穿行：作为城市广场的公共性质，完善了城市的慢行网络，通过此广场，可满足周边企业职工方便到达地铁站和公交车站的要求。

可游憩：在有限的空间里，形成了一个环路，便于游人进行环路的步行。

可休闲：功能的融入，包括多功能服务建筑，可提供丰富的轻食，可停留进餐；观演平台可作为交流的平台，智能化共享单车可进行娱乐和健身。

可聚集：若干个开放小广场，可作为高新区进行企业文化展示、闽侯本土根雕文化展示的平台。

③景观元素的多元化。

有机的、自然的、融入的景观平面布局，交错的座椅、缓坡的绿色空间，构成了多样的景观元素。花岗岩、透水混凝土路面、木质平台、生态绿岛，形成了色彩丰富景观体验，使广场焕发出现代与活力的气息，打造出与高新科技园区相协调、时尚多元的现代景观空间。同时，夜景灯光的融入，产生了独特的灯光效应，与周边高新区的夜景融为一体，使得整个广场更具灵动性，增加了夜间游览的愉悦性和观赏性。

中央广场智慧系统的引入，打造出"智能景观"的多样体验。公园内将传感系统技术、信息收集系统、数据管理及分析智能化板块与景观设施相结合，通过智能化系统控制夜景灯光、雾森系统以及公园及相应服务建筑的安防监控系统、智慧运动小品等，提供了丰富的智能体验。

（2）广场生态多样性。

当今，生态失衡，人们更加追求自然的生态环境体验。随着生态文明理念的深入人心，广场设计也不能一味追求过于空旷的硬质场地，应充分考虑城市、人与自然之间的和谐共生，以自然生态为核心，构建生态景观空间的多样性、可持续发展，从而达到城市生态环境的平衡，实现城市景观生态空间的构建。本次广场设计，充分考虑了生态的多样性，从生态材料的选择、植物多样性的营造，海绵技术的使用等各方面，进行综合构建生态体系。

①生态材料运用的多样性。

在景观材料的运用上，更趋于考虑生态性和可持续性，铺装采用持久耐用的花岗岩石材和透水混凝土，相互融合。透水混凝土具有透水、保水、透气、轻质、美观等优点，同时还能吸声减噪。在吸热和储热方面近于自然植被所覆盖的地面，能缓解城市的热岛效应。砾石以及木质平台的运用，使得公园更加透气，更加让人感觉亲近自然。同时，材料的性质均是可降解可再利用的材料更加的环保生态。

②植物景观的多样性。

在总体平面上预留了大量的生态绿岛，保留了绿色基地，即使是中轴广场空间，也设置了树阵布局，使得广场的绿化覆盖率到达95%，提供了舒适的林荫体验和绿色空间。在植物景观的营建上，形成了树阵广场、自然群落、雨水花园等丰富的植物景观群落。在植物品种的选择上，根据当地条件，优选具有地方特色、文化特征的乡土树种，营造独具当地特色的植物景观。同时，按照生态性的原则，选择合理的植物种类，以"乔、灌、地被、草"的多层复合性绿化打造稳定的、丰富的、多样的植物景观。

③海绵城市技术的运用。

广场上植草沟、雨水花园、透水材料等海绵设施的布置，最大限度地实现了雨水在该区域的积存、渗透和净化，促进雨水资源的利用和良性水循环，实现了水环境和人居环境的和谐，实现了雨污净化、栖息地修复、土壤净化等重要的水生态循环过程。

城市广场是城市设计的重要元素之一，广场代表着城市第一印象。城市广场是城市人文与景观生态的融合，是体现自然美和艺术美的场所。广场内可举行聚会、交通分流、居民休闲、休息、商业服务和文化宣传互动。它的建设增加了城市的公共开放空间，提高了城市人居环境的质量，使得城市更加开放和生态。福州高新区城市中央广场是新形势下，考虑景观多样性和生态多样性的一个实践，在满足城市形象及广场功能的前体下，能体现传统文化与景观特色，打造具有艺术性、文化性与功能性、生态型等多元化、多样性的城市广场景观。

8.2.3　以五四广场为例分析城市广场夜景照明营造方法

青岛五四广场是为纪念五四运动而命名的，始建于 1997 年。广场北临青岛市市政府办公大楼，南临浮山湾，占地面积 10 hm²，由东海路分为南北两个广场。北部广场为市政广场，中间铺有大面积的草坪，两侧为供游客漫步的小路，周围被高楼围合；南部广场濒临海边，中轴线上从北到南依次布有露天下沉广场、旱地点阵喷泉、《五月的风》雕塑。距离广场中轴线约 160 m 的海面上建有一座百米喷泉。夜晚的五四广场绚丽多姿、明暗有致，设计师通过夜景照明设计对广场的文化元素进行烘托和提炼，为人们带来昼夜不同的视觉审美体验，传递着青岛这座沿海城市的文化底蕴与独特魅力。

8.2.3.1　彰显地域特色

一个城市的地域特征由自然环境和人文环境组成，城市广场夜景照明设计要以城市的自然元素和人文元素为基底，通过灯光色彩的调和渲染、光线明暗虚实的变幻，展现个性鲜明的城市景观主题，最大限度地还原自然美感，彰显地域特色。青岛是滨海城市，水是城市的自然环境元素，"奥运"是城市的人文环境元素，在夜景照明设计的营造下，二者成为活跃夜游气氛的主要元素。五四广场设置的旱地点阵灯光喷泉和百米灯光喷泉，强化了青岛水文化这一自然环境特色。旱地点阵灯光喷泉呈棋盘状位于广场的南北轴线上，纵横各隐伏着9排共81处喷射点。喷泉按照不同的时间、高度、形状进行喷射，采用发光砖地埋灯设计，完美贴合了场地形态。平时喷泉周围设置柔和光源，喷射时根据喷泉的形态，采用饱和度较高的暖色灯光，充分利用了水柱的透光性，使喷泉水柱晶莹剔透，营造出温馨浪漫的氛围，是游客最喜欢的游览项目之一。百米灯光喷泉位于距广场中轴线约 160 m 的海面上，是我国第一座海上高雅音乐喷泉。百米灯光喷泉采用彩光照明，多彩的灯光投射在喷泉水柱上，让整个喷泉水景显得炫耀夺目。灯光、音乐、喷泉三者相辅相成、相得益彰，打造了流光溢彩的水景效果，展现着城市的自由与奔放。与五四广场隔海相望的是青岛奥林匹克帆船中心，其夜景照明采用暖白光，运用泛光照明将建筑的外形和体量加以强调。同时，夜景照明增加了倒影景致，虚实相映，将海面衬托得波光粼粼，突显了城市的滨海特色，让人们感受到浪漫、开放的城市特质。城市广场的夜景照明设计要以本土地域特质为依托，不能简单生硬地套用其他城市的照明手法，要根据当地的自然人文景观，选择与之匹配的灯光和照明方式，以此凸显城市的景观质感和文化底蕴。

8.2.3.2 传递人文关怀

人文关怀是指确立人的主体性，充分肯定人的价值。广场夜景设计要坚持"以人为本"的人性化设计，基于人的视觉需求完善设计方案，要分析城市居民的行为方式，考虑眩光影响、视看角度和距离等，在满足基本照明需求的基础上，体现审美品位，培养市民的人文情怀，创造舒适的人居光环境。夜景设计的服务对象是处于夜环境中的人，因此要遵循人性化设计原则。照明设计在保证安全的基础上，运用艺术手法提升场地的活力和艺术表现力。五四广场园路采用一定亮度且均匀连续的照明系统，布置连续等间距的步道灯或地埋灯，配合适宜的空间照明，避免出现光线死角。五四广场的休闲场地大多采用庭院灯、地灯相结合的照明方式，辅助以植物照明。庭院灯与地灯照明保证了休闲场地达到较高的照度，以满足居民尤其是老年人和儿童活动的安全需求，照明光线以暖黄色为主，营造出祥和、安逸的氛围。广场运用了多种植物照明的手法，将灯光、绿化、小品融为一体，从视觉和心理上给游客和居民以愉悦的体验。

五四广场夜景照明设计的成功之处在于对城市定位的准确把握、对城市历史的尊重、对城市特色的烘托。其夜景营造案例也为我们提供了可参考的启示：城市广场夜景照明设计不仅要满足人的基本照明需求和视觉美感需求，还要合理规划夜间视觉框架，将照明艺术有理、有利、有节地融于广场空间；要坚持"以人为本"的人性化设计原则，打造体现人文关怀的人居光环境；注重将照明设计与城市地域文化、历史文脉等元素相结合，并融入新发展理念，以此提高城市的活力与热度，彰显城市的质感与厚度，进而塑造良好的城市形象。

第9章　城市湿地公园规划设计

9.1　城市湿地公园规划的概念、内容和程序

9.1.1　概念

城市湿地公园规划是指根据各地区人口、资源、生态和环境的特点，以维护湿地系统生态平衡、保护湿地功能和湿地生物多样性，实现资源的可持续利用为基本出发点，坚持"全面保护、生态优先、合理利用、持续发展"的方针，充分发挥湿地在城乡建设中的生态、经济和社会效益对湿地进行的一系列规划设计。

9.1.2　城市湿地公园的规划内容

9.1.2.1　总体规划主要内容

城市湿地主要包括以下几个特征：位于城市中或城市近郊；城市与湿地之间有较大的相互作用关系；范围较为广泛，甚至包括除喷泉、人工水池等以外的园林水体。

根据湿地区域的自然资源、经济社会条件和湿地公园用地的现状，确定总体规划的指导思想和基本原则，划定公园范围和功能分区，确定保护对象与保护措施，测定环境容量和游人容量，规划游览方式、游览路线和科普、游览活动内容，确定管理、服务和科学工作设施规模等内容。提出湿地保护与功能的恢复和增强，科研工作与科普教育、湿地管理与机构建设等方面的措施和建议。

对于有可能对湿地以及周边生态环境造成严重干扰，甚至破坏的城乡建设项目，应提交湿地环境影响专题分析报告。

9.1.2.2　规划功能分区与基本保护要求

湿地公园一般应包括重点保护区、湿地展示区、湿地体验区和管理服务区等区域。

（1）重点保护区。

针对重要湿地或湿地生态系统较为完整、生物多样性丰富的区域，应设置重

点保护区。在重点保护区内，可以针对珍稀物种的繁殖地及原产地设置禁入区，针对候鸟及繁殖期的鸟类活动区设立临时性的禁入区。此外，考虑生物的生息空间及活动范围，应在重点保护区外围划定适当的非人工干涉圈，以充分保障生物的生息场所。

重点保护区内只允许开展各项湿地科学研究、保护与观察工作。可根据需要设置一些小型设施，为各种生物提供栖息场所和迁徙通道。本区内所有人工设施应以确保原有生态系统的完整性和最小干扰。

（2）湿地展示区。

在重点保护区外围建立湿地展示区，重点展示湿地生态系统、生物多样性和湿地自然景观，开展湿地科普宣传和教育活动。对于湿地生态系统和湿地形态相对缺失的区域，应加强湿地生态系统的保育和恢复工作。

（3）湿地体验区。

湿地敏感度相对较低的区域可以划为湿地体验区，允许游客进行限制性的生态旅游、科学观察与探索，或者参与农业、渔业等生产过程。区内安排适度的游憩设施，避免游览活动对湿地生态环境造成破坏。同时，要加强对游人的安全保护工作，防止发生意外。

9.1.2.3　规划措施

规划应以保障城乡生态安全，维护和改善生态系统的综合服务功能作为目标。

（1）湿地水系的规划措施。

湿地公园建设的关键在于湿地系统的恢复与重建，而核心是湿地水系的规划。因此，其规划措施重点包括以下几个方面。

①湿地公园水的自然循环规划。通过改善湿地地表水与地下水之间的联系，使地表水与地下水能够相互补充。同时采取必要的措施，改普作为湿地水源的河流的活力。

②采取适当的方式形成地表水对地下水的有利补充，使湿地周围的土壤结构发生变化，土壤的孔隙度和含水量增加，从而形成多样性的土壤类型。

③对湿地公园周边地区的排水及引水系统进行调整，确保湿地水资源的合理与高效利用，适当开挖新的水系并采取可渗透的水底处理方式，以利于整个园区地下水位的平衡。

④湿地公园规划必须在科学的分析与评价方法基础上，根据不同的土壤类型产生不同的地表痕迹和景观类型的原理，利用成熟的经验、材料和技术，促进湿

地系统的自然演替。

（2）动植物栖息地的规划措施。

湿地规划的基本理念是确立重要的需要保护的栖息地斑块以及有利于物种迁徙和基因交换的廊道。

①以河流、道路、林班为载体建立园区内或园区与外围生态环境相连的连续生物底道网络。

②园内保留或新建重要的大型栖息地斑块，并建立乡土植物苗圃。

③园区内部保留残留的小型林地、坑塘及其湿地植被斑块。

以长沙洋湖为例，设计基于现状地形及水文条件，创造多种形式的水系空间形态，在公园中部地形低洼区域打造大水面，设置大小岛屿。大水面与宽窄不一的河道水系连通，结合水系高差设置跌水溪流、大小池塘。同时，保留部分水田及季节性沼泽，改造原有单一的农田水渠肌理，打造促进生物多样性衍生的基底空间环境。

（3）历史人文和乡土遗产的规划措施。

在拟建湿地公园的范围内，要保留重要的历史人文和乡土遗产，建立体验城市历史经验、体验城市历史记忆的遗产廊道网络。

①包括园内具有保护意义的古迹、民宅、古道、护城河等。

②乡土植物要进行登记，特别是古树名花等，要建立档案，以便保护和利用。

9.1.2.4　规划设计原则

城市湿地公园规划设计应遵循系统保护、合理利用与协调建设相结合的原则。在系统保护湿地生态系统的完整性和发挥环境效益的同时，合理利用湿地具有的各种资源，充分发挥其经济效益、社会效益，以及在美化城乡环境中的作用。

（1）系统保护的原则

①保护湿地的生物多样性。湿地公园规划设计中需要保护生物的多样性，为不同物种提供不同的生存环境，最大限度地为它们提供生存空间，同时规划设计的过程中需要更加贴近大自然，有利于多样化生物在合适的环境中生存发展。另外，湿地公园对生境进行规划设计改建的过程中，最大限度地保留原有生境状态，尽量降低变化尺度，有效加强生境物种的多样化，提升其抗风险的能力，有利于它们在恶劣的自然环境中进行存续，同时有效抵御外来物种的侵犯。

②保护湿地生态系统的连贯性。保持湿地与周边自然环境的连续性；保证湿地生物生态廊道的畅通，确保动物的避难场所；避免人工设施的大范围覆盖；确

保湿地的透水性，寻求有机物的良性循环。

③保护湿地环境的完整性。保持湿地水域环境和陆域环境的完整性，避免湿地环境的过度分割而造成的环境退化；保护湿地生态的循环体系和缓冲保护地带，避免城乡发展对湿地环境的过度干扰。

④保持湿地资源的稳定性。保持湿地水体、生物、矿物等各种资源的平衡与稳定，避免各种资源的贫瘠化，确保湿地公园的可持续发展。

（2）合理利用的原则。

合理利用湿地动植物的经济价值和观赏价值；合理利用湿地提供的水资源、生物资源和矿物资源；合理利用湿地开展休闲与游览；合理利用湿地开展科研与科普活动。

（3）协调建设原则。

湿地公园的整体风貌应与湿地特征相协调，体现自然野趣；建筑风格应与湿地公园的整体风貌相协调，体现地域特征；公园建设优先采用有利于保护湿地环境的生态化材料和工艺；严格限定湿地公园中各类管理服务设施的数量、规模与位置。

9.1.3 城市湿地公园的规划设计程序

9.1.3.1 编制规划设计任务书

（1）现状分析。

城市湿地公园规划设计要对公园现状进行分析，其内容如下所述。

• 公园在城市中的位置，周围的环境条件，主要人流方向、数量，公共交通的情况及园内外范围内现有道路、广场的情况（性质、走向、标高、宽度、路面材料等）。

• 当地历年来所积累的气象资料，包括每月最低、最高及平均气温、水温、湿度、降水量、历年最大暴雨量，每月阴天日数、风向和风力等。

• 公园用地的历史沿革和现在的使用情况。

• 公园规划范围界线与城市红线的关系及周围的标高，园外景观的分析、评定。

• 现有园林植物、古树、大树的品种、数量、分布、高度、覆盖范围、地面标高、质量、生长情况及观赏价值。

• 现有建筑物及构筑物的位置、面积、质量、形式及使用情况。

• 园内外现有地上、地下管线的位置、种类、管径、埋土深度等具体情况。

· 现有水面及水系的范围，最低、最高及常水位，历史上最高洪水位的高度，地下水位及水质的情况等。

· 现有山峦的形状、位置、面积、高度、坡度及土石情况。

· 地质、地貌及土壤状况的分析。

（2）总体规划

确定公园的总体布局，对公园各部分做全面安排。常用的图纸比例尺为1：1000或1：2000。其内容包括以下方面。

· 公园范围的确定及园内外景观的分析与利用。

· 公园主题、性质、特色、风格的确定。

· 公园的布局结构、功能分区、游人容量。

· 公园景区组织和景点具体构思设计。

· 公园内园林建筑、服务建筑、管理建筑的布局及建筑形式的确定。

· 公园的道路系统、广场的布局及导游线的确定。

· 公园中河湖水系的规划、水底标高、水面标高的控制及水上构筑物的控制。

· 地形处理、竖向规划，估计填挖土方的数量、运土方向和距离，进行土方平衡。

· 公园中所有工程项目的规划与实施，如护坡、驳岸、围墙、水塔、变电、消防、给排水、照明等。

· 植物群落的分布、树木种植规划，制订苗木计划，估算树种规格与数量。

· 说明书内容，包括规划意图、用地平衡、工程量的计算、造价概算、分期建园计划等。

（3）详细设计。

在总体规划的基础上，对公园的各个地段及各项工程设施进行详细设计。常用的图纸比例尺为1：500或1：1000。详细设计内容包括以下方面。

· 主、次要出入口及专用出入口的设计，包括园门建然出口风形种植、市政管线、室外照明、停车场等设计。

· 各功能区的设计，包括各区内的建筑物、空外场地、活动设施、绿地、道路广场、园林小品、感物种植、山石水体、园林工程及设施的设计。

· 园内各种道路的走向、纵横断面、宽度、路面用料及做法，包括道路长度、坡度、中心坐标与标高、曲线及转弯半径、道路的透景线及行道树的配置。

· 各种园林建筑初步设计方案，包括建筑的平、立、剖面，以及主要尺寸、标高、坐标、结构形式、建筑材料、主要设备等。

• 各种管线的设计，包括规格、尺寸、埋置深度、标高、坐标、长度、坡度或电杆灯柱的位置、形式和照明点位置、消防栓位置。

• 地面排水的设计，包括分水线，汇水线，汇水面积，阴沟或暗管的大小、线路走向，进水口、出水口和窖井位置。

• 土山、石山的设计，包括平面范围、面积、等高线、标高、立面、立体轮廓、叠石的艺术造型。

• 水体设计，包括河湖的范围、形状，水底的土质处理、标高，水面控制标高，岸线处理。

• 植物种植设计，包括根据公园植物规划，对公园各地段进行植物配置，包括树木的种植位置、品种、规格及数量，配置形式及树种组合；蔓生、水生花卉的布置位置、范围、规格、数量及与木本花卉的组合形式；草地的位置、范围、坡度、品种；园林植物修剪的要求（整形式与自然式）；园林植物的生长期（速生与慢生的组合，近期与远期的结合，疏伐与调整的方案）；植物种植材料表内容（品种、规格、数量、种植日期等）。

（4）施工设计。

按详细设计的意图，对其中部分的内容和较复杂工程结构设计，绘制施工图纸及说明。常用图纸比例尺为 1:100、1:50 或 1:20。其内容包括以下几个方面。

• 给水工程，包括水池、水闸、泵房、水塔、水表、消防栓、灌溉用水的水龙头等施工详图。

• 排水工程，包括雨水进水口，明沟、窖井及出水口的铺饰，厕所及化粪池的施工图。

• 供电及照明，包括电表、变电或配电室、电杆、灯柱、照明灯、施工详图等。

• 护坡、驳岸、挡土墙、围墙、台阶等工程的施工图。

• 叠石、雕塑、栏杆、踏步、说明牌、指路牌等小品的施工图。

• 道路广场地面的铺装及行车道、停车场的施工图。

• 园林建筑、庭院、活动设施及场地的施工图，广播室及广播喇叭的设计与装饰图。

• 垃圾收集处及果皮箱的施工图，煤气管线等设计施工图。

9.1.3.2 界定规划边界与范围

湿地公园规划范围应根据地形地貌、水系、林地等因素综合确定，尽可能地以水域为核心，将区域内影响湿地生态系统连续性和完整性的各种用地都纳入规划范围，特别是湿地周边的林地、草地、溪流、水体等。

湿地公园边界线的确定应以保持湿地生态系统的完整性，以及与周边环境的连通性为原则，尽量减轻建筑、道路等人为因素对湿地的不良影响，提倡在湿地周边增加植被缓冲地带，为更多的生物提供生息的空间。

为了充分发挥湿地的综合效益，湿地公园应具有一定的规模，一般不应小于 20 hm²。

9.1.3.3　基础资料调研与分析

基础资料调研在一般性公园规划设计调研内容的基础上，应着重于地形地貌、水文地质、土壤类型、气候条件、水资源总量、动植物资源等自然状况，城乡经济与人口发展、土地利用、科研能力、管理水平等社会状况，以及湿地的演替、水体水质、污染物来源等环境状况方面。

9.1.3.4　规划论证

在湿地公园总体规划编制过程中，应组织风景园林、生态、湿地、生物等方面的专家针对规划成果的科学性与可行性进行评审论证工作。

9.1.3.5　设计程序

湿地公园设计工作，应在湿地公园总体规划的指导下进行，可以分为以下几个阶段：方案设计、初步设计、施工图设计。

9.2　城市湿地规划案例

9.2.1　城市湿地公园建设的重要性

湿地生态系统是自然界中具有独特功能的生态系统，广泛分布于地球生物圈，是自然资源的重要内容之一。快速增长的人口形势、高速发展的经济状况以及不断扩张的城市范围等严峻现象与局面造成了湿地面积减少、湿地资源过度开发等一系列生态安全问题的产生。作为湿地保护的有效手段之一，城市湿地公园以丰富的湿地自然生态资源以及良好的湿地景资源为建设基础，并以科普宣教、休闲旅游、文化传播等功能为辅，为人们认识了解湿地生态系统提供了重要的科普教育场所，有助于提高人们的科学环保意识，同时城市湿地公园建设有一定规模的服务设施，使之成为人们放松身心、观光游览的好去处。城市湿地公园除了具有生态休闲游览功能外，更重要的是为城市发展提供生态价值，湿地作为城市湿公园的生态主体，是一种水陆相间的独特生态系统，具有良好的生态环境调节功能，在调节局部地区小气候、提升城市水环境治理效果，在缓解城市热岛效应的同时，保护并增加城市生物多样性，从而形成城市的生态屏障，提高城市生态水平。因此建设城市湿地公园，能够有效地遏制并改善城市建设中对湿地资源的不合理利用与破坏现象，维护城市湿地自然生态系统的基本生态结构特性和功能，同时能够最大限度地发挥湿地在改善城市自然生态环境、美化城市景观环境、开展湿地科普教育和提供生态观光游览活动场所等方面所具备的生态、经济和社会效益，优化提升城市整体自然环境，进而改善城市居民的生活品质，最终达到人与自然和谐发展的目标。

9.2.2 常熟南湖湿地公园

9.2.2.1 地理位置分析

常熟南湖湿地公园所在区域江苏省常熟市，常熟市位于长江三角洲平原上的东南位置，东经 120°33′~121°03′，北纬 31°33′~31°50′，南接苏州市区和昆山，东临太仓，西北临张家港，西接无锡市区和江阴，东北临长江黄金水道，与南通隔海相望；东西向长约 49 km，南北最长距离 37 km。总计 1 264 km²。而南湖湿地公园位于常熟市尚湖镇，地处常熟市西南部，与常熟市辛庄镇、无锡市羊尖镇、鹅湖镇交界处。

9.2.2.2 规划设计理念与定位

（1）设计理念。

以可持续发展为总体设计理念，以生态恢复、上位规划统筹、游憩规划为指导，从整体出发，将常熟南湖湿地公园主体、周边环境、人作为一个群体组织进行考量，以互利型的思维模式进行思考。在达到修复、保护并完善湿地生态系统的要求的同时，发展常熟南湖湿地公园休闲游憩产业，满足人们的精神文化需求，减少城市湿地公园建设对周边环境的影响，在湿地生态保护的发展基础上，把握周围养殖业、种植业等的协同建设发展，将湿地公园环境与周边环境进行统筹建设，沟通联系城市湿地公园、区域原住民以及游客之间的关系，完成生态、经济、社会的三者复合互利的转变。

（2）设计定位。

建设形成具有小桥流水的鱼米水乡典型质朴风貌的乡野城市近郊湿地公园，完成城市湿地公园的集约化发展，统筹周边环境建设，沟通联络周边水系、农田以及社区建设发展，保证湿地自然资源可持续发展与利用，实现人与自然的和谐发展，从而展现经济、社会以及生态良好互动的局面。

建立湿地生态系统修复、保育的示范点 —— 展现最大化的生态效能，最小化的环境冲击，建立完整的湿地生态系统，减少污染，净化湿地水质。

强化生态湿地主题，展现湿地景观 —— 充分尊重、保护地区原有湿地植物、水体以及乡村等特色景观，在不影响原有湿地景观特征的前提下，适当加入具有江南水乡地域风格特色的人工景观，构建具有生态性、地域性的景观体系，为市民提供生态环境良好、景观环境优美的休闲游憩场所。

建设科普科研的基地 —— 以湿地生态环境为依托，建立全面完善的湿地生态科学研究体系，以湿地生态系统中的水文、土壤、气候、动植物与人之间的关系作为研究对象，构建较为完整的一系列湿地科学研究网络体系，提供必要的科普设施，作为科研、相关教学实习、科普知识宣传和青少年科普教育活动的基地。通过科普教育，提高人们的科学素质，培养人们亲近自然环境、了解自然环境、保护生态环境的意识。

打造生态农业旅游 —— 以"原乡南湖，稻花渔情"的开发建设原则为基础，打造"湿地生态探索、江南农耕体验"为主题的生态观光旅游，以此成为区域旅游发展的亮点，优化区域旅游资源，构建区域整体可持续发展。

9.2.3 河间城市湿地公园

9.2.3.1 场地区位分析

设计场地位于河北省河间市中心城区东北部，北临诗经东路，南临书院北路，东临古阳街，场地面积 90 hm²。场地整体东西跨度约 2.7 km，南北最大跨度 1.1 km，由于周边用地及道路的分割，场地整体被划分为四部分，面积由西至东分别为 8.9 hm²、8.4 hm²、11.4 hm² 和 61.3 hm²。

9.2.3.2 设计定位

城市绿心、水韵廊道、山水诗经以河间水系为载体，湿地空间为基底，诗经文化为魂魄，形成集湿地生境营造、河道生态治理、湿地游憩、绿色参与、文化体验于一体的城市绿色基础设施。

9.2.3.3 规划结构

"一心三带"规划结构：形成以湖泊河流复合型湿地为生态核心。形成集湿地生态保护、海绵体系构建、亲水活动于一体的湿地景观带；形成以山水空间为基底，诗经植物为载体的，展现河间市诗经文化的特色植物带；形成面向城市，为城市居民提供全龄化多功能活动场所，人与自然和谐公园，城市与园林融为一体的游憩功能带。"一心三带"的规划结构将分离的场地在功能上和景观上相连接，形成完整的内部绿地、水体和游憩体系并与外部城市绿色基础设施连接廊道相连贯，保证河间城市湿地公园发挥作为河间中心城区绿色基础设施一级网络中心和一级连接廊道的作用。

9.2.4　乐山麻浩河城市湿地公园景观设计

9.2.4.1　地理位置

麻浩河位于乐山大佛风景区保护区内，并有一部分位于风景区核心区域内。风景区东侧边界以省道305西侧为界，向西沿连接线至岷江大桥南侧，再沿岷江西岸线至肖公嘴外侧，再沿大渡河北岸向西至肖坝大渡河大桥东侧，然后向东南沿乐沙大道外侧至惠安东路，再向东南沿迎宾大道，再乐山大佛风景名胜区总体规划向东沿现状水渠南侧至岷江，然后跨岷江至305闭合，总面积18.46 km²。在《乐山市乐山大佛风景名胜区总体规划（2021—2035年）》中拟完成自然和文化遗产得到完整保护和传承，使游赏和体验功能得到均衡发展，不断提高国际影响力，让乐山大佛风景名胜区成为国内风景区的典范。乐山市新增"三县四区一湖六湿地"，打造岷江生态湖和中央湿地、三江湿地、岷江冠英湿地、大渡河湿地、峨眉河湿地、竹公溪湿地。

9.2.4.2　韧性理念在麻浩河湿地公园专项设计中的应用

（1）河道护岸防冲 —— 韧性驳岸设计。

水域与陆地之间的过渡地带称为"驳岸"，在驳岸的设计上主要是为了加固水岸，防止水流冲刷，从材质上来看，驳岸的设计分为两种类型，一是人工化的硬质驳岸，二是生态驳岸。生态驳岸优点是透水性好，防止河水对浅滩冲刷的同时也能为生存在水陆的微生物提供栖息之所。缺点是稳固性不高，适合在水流平缓的地方使用。常见的生态驳岸有草木驳岸、砂石驳岸。草木驳岸多为湿地本身形成的驳岸，处于水流开阔及人群无法到达的区域，是因为洪水经过窄小的河道流入湿地后，到了较开阔的地方，水流的中心流速会减缓很多，对驳岸的冲刷作用也因此减弱而自然形成的驳岸，一般常见于湖泊湿地等大型湿地公园，这种驳岸几乎没有人工干预的、是最自然的形式也是对生态环境最好的保护。砂石驳岸是利用天然的石块配合其他小石子或沙砾按照一定的设计放置在湿地的驳岸，主要出现在人群可以到达的休闲亲水区域，在安全水位的时候，人们可以徒步走到景石驳岸上与湿地亲密接触，在涨水期间，石块、沙砾又能为生物提供生存空间，其中最常用的是浅滩驳岸及防冲刷驳岸。浅滩驳岸在现有平缓驳岸地面开挖边坡 1∶0.5 的梯形沟槽，内堆置粒径 30～50 mm 砾石的钢筋石笼，并用粒径 50～80 mm 砾石回填。

防冲刷生态驳岸原在夯实地基的基础上设计碎石层及粗砂层，并使用干砌块石的方法增强对洪水的抗击面防冲刷能力最上层采用自然抛石的做法减弱洪水冲击力，过渡地带采用石笼设计保证河面滩涂地带不受洪水侵袭的同时起到加固种植土的作用。

人工生态驳岸是在设计中采用加筋麦克垫及雷诺护垫的做法。加筋麦克垫是由三维聚丙烯材料挤压在机编六边形双绞合钢丝网面上形成的一种三维土工垫，设计于种植体底面 50 cm 厚，在自然放坡 ≥ 1∶2 的情况下与 30 cm 的雷诺护垫相接。雷诺护垫是一种专业抗冲刷工程构建，由特殊防腐处理的低碳钢丝经机器编织成的六边形双绞合钢丝网制作而成，具有强大的防冲刷能力，基础是要求在砂岩层的上方铺上透水土工布之后再均衡铺上雷诺护垫。在本设计中沿岸采用人工防冲刷驳岸时，雷诺护垫的宽度约为 2.5 m。而当常水位宽度 ≤ 5 m 时，要求整个河底都应铺设雷诺护垫。人工驳岸相较自然生态驳岸，造价高，工程耗时长，优点是稳固性强、抗洪能力优。本设计在比较二者的优缺点之后决定采用人工驳岸与自然驳岸相结合的方式，更科学更合理地进行驳岸设计。

9.2.5　北京市南苑城市湿地公园设计

9.2.5.1　地理区位

南苑位于北京市南部地区的最南端，处于南中轴延长线与西山永定河文化带的交会地带，历史上的南苑面积广阔，横跨大兴区和丰台区，是清代皇家重要的御苑之一，现在更是北京面向津冀协同发展的战略要地。设计场地则位于南苑地区的西北部，处于即将展开建设的南苑万亩森林湿地公园的核心区域，共占地 92.3 hm²，北京大兴新国际机场的建成使得南苑地区的交通更为便利。

9.2.5.2　规划理念

以"蓝绿交织融古今，鸥鹭翔集话未来"为规划设计主题，通过对现状水系及植被进行整合规划，再现南苑苇塘泡子生态环境，恢复湿地生态基底；选取南苑的历史典故、历史活动、历史遗迹、历史习俗、思想观念，与湿地公园使用功能相结合，象征性地还原历史场景，再现历史风貌，传承历史文脉；同时长远考虑湿地公园的建设，将湿地公园建设与城市长远发展相联系，植入多样活动功能，满足长远的湿地公园使用需求；结合现代科学技术，探索历史景观保护与发展的新途径。

9.2.5.3 历史景观恢复专项设计

（1）历史景观展示点。

全园设置多处历史景观展示点，包括湿地文化展览广场、观鹰台、时空对话广场、静思广场、飞凫渡码头广场、平湖澹荡广场、渔悦广场、历史回望广场，通过 AR 导览、景观小品、VR 虚拟场景复原等途径对南苑历史景观进行再现展示。

（2）历史景观展示线

通过合理规划历史文化主题游线、历史景观展示游线、历史风貌体验游线恢复南苑历史景观，丰富游人游园体验。

①历史文化主题游线规划依据以人为本、文脉传承的原则，结合场地使用功能和历史文化底蕴合理规划游猎文化景观道、农耕文化景观道和渔猎文化景观道。

②历史景观展示游线规划通过广场铺装、麋鹿艺术装置、乡土植物种植以及 VR 虚拟技术传达不同的历史主题、历史典故、历史文化，使人在休憩之余感受历史景观的魅力以及南苑历史文化的深厚内涵。

③历史风貌体验游线规划全园设置多处历史景观、历史活动体验景点，使得游人走近历史、感悟历史，增强游人的游赏趣味，丰富游人的游览体验。历史风貌体验游线包括四季捺钵活动体验、南苑稻种植体验、水围活动游戏体验、湿生植物认知体验、御果采摘体验以及喂鸟等活动体验。

（3）历史景观展示面。

根据南苑所承载的不同功能进行规划的七个主题景观分区形成历史景观展示区域。

（4）景点命名。

在历史流传下来的描绘南苑的诗歌、诗词中以及有关南苑的历史文化、南苑的历史定位中寻找南苑城市湿地公园的景点及景区的命名的灵感，使得现代的湿地公园建设不但能够反映出曾经昔日的南苑的历史底蕴，既富有诗情画意，又能点名景点的特点。

（5）景观设施。

景观设施包括园林建筑、景墙、座凳、标识系统、灯具、艺术小品、道路铺装。这些景观设施既构成现代公园景观，又是历史景观得以表达的载体，因此充分利用这些设施的形态、材质、材料、位置布局等要素传达历史景观信息。

9.2.6　小结

9.2.6.1　研究结论

湿地作为具有独特生态功能的生态系统，湿地资源良性可持续发展关系到区域生态安全、社会经济发展和人的精神文化发展。近年来，国家从法律法规、方针政策、工程建设等多方面采取多重措施，加强湿地保护力度，建立了多个湿地保护区，并大力建设和发展了城市湿地公园，城市湿地公园是湿地保护的有效手段之一，它以良好的自然生态环境和丰富多样的湿地景观资源为基础，具有展现湿地景观特色，为游客提供生态观光休闲娱乐，开展湿地生态系统科普教育宣传等功能。但由于城市湿地公园中的湿地主体具有较强的生态敏感性，其规划设计需要与场地地形地貌、气候条件、水文条件、历史文化等进行协同考量，因此我国对于城市湿地公园建设的研究与理论指导也还在不断探索中。

9.2.6.2　研究展望

如今国家积极推动"生态文明建设实现新进步"的新目标、新任务，在此背景下，将生态体验形式与城市湿地公园相结合，结合多方理论、学科，相互融合，提出更专业的规划方案，对城市湿地公园进一步探索，满足人们对于湿地生态环境的需求，使人们得到更好的生态体验感受。

第 10 章　城市生态修复

10.1　城市生态修复的概念、内容和程序

10.1.1　城市生态修复的概念

　　城市生态修复的对象是城市生态系统。城市生态系统是一个综合系统，由自然环境、社会经济和文化科学技术共同组成。它包括作为城市发展基础的房屋建筑和其他设施，以及作为城市主体的居民及其活动。城市在更大程度上属于人工系统，是城市居民与其环境相互作用而形成的统一整体，也是人类对自然环境的适应、加工、改造而建设起来的特殊的人工生态系统。它是以人的行为为主导、自然环境为依托、资源流动为命脉、社会体制为经络的社会－经济－自然复合生态系统。

　　城市生态系统中，人起着重要的支配作用，这一点与自然生态系统明显不同。在自然生态系统中，能量的最终来源是太阳能，在物质方面则可以通过生物－地球－化学循环而达到自给自足。城市生态系统就不同了，它所需求的大部分能量和物质，都需要从其他生态系统（如农田生态系统、森林生态系统、草原生态系统、湖泊生态系统、海洋生态系统）人为输入。

　　同时，城市中人类在生产活动和日常生活中所产生的大量废物，由于不能完全在本系统内分解和再利用，必须输送到其他生态系统中去。由此可见，城市生态系统对其他生态系统具有很大的依赖性，因而也是非常脆弱的生态系统。由于城市生态系统需要从其他生态系统中输入大量的物质和能量，同时又将大量废物排放到其他生态系统中去，它就必然会对其他生态系统造成强大的冲击和干扰。如果人们在城市的建设和发展过程中，不能按照生态学规律办事，就很可能会破坏其他生态系统的生态平衡，并且最终会影响到城市自身的生存和发展，这就是城市生态修复所要进行的必要性。

　　城市生态修复兼具理论性和实践性，从不同的角度看会有不同的理解，至今

尚未形成被普遍接受的定义。Gobster 认为，城市生态修复是改善城市环境，为人提供生态服务功能和游憩场所，为乡土植物和动物创造生境；Pickett 认为，城市生态修复是通过人与环境之间的相互作用，修复城市复合生态系统的结构与功能，提升城市景观；周启星认为城市生态修复是以生物修复为基础，结合物理、化学修复及工程技术措施，达到最佳效果和最低耗费的一种综合的修复污染环境的方法；俞孔坚认为城市生态修复是提升城市生态系统调节、供给、生命承载以及文化与精神等服务功能的过程。其他与修复相关的概念有："修补"指修补轻度受损生态系统的部分结构或功能，使其良性发展；"恢复"指使生态系统恢复到受干扰前的状态；"重建"指通过人工措施构建类似的生态系统，以替代原来极度退化的生态系统等。按照生态系统受损程度的不同，较轻时用"修补"，较重时用"修复"，极度退化时用"重建"。这些概念体现了城市生态修复的一些共识，如城市生态修复的对象是城市生态系统，目的是人与自然的和谐共处，研究内容包括城市发展对城市生态系统的影响机制、修复城市生态系统的结构和功能、改善城市人居环境的生态技术等。但也存在一些差异，如按照不同导向，美国自然资源委员会强调目标导向，将城市生态修复看作一个生态系统向接近于干扰前的状态回归，Geist 强调过程导向，将城市生态修复看作修复人类对当地生态系统多样性和动态损害的过程；按照不同目标，Gobster 认为，城市生态修复是改善城市环境，俞孔坚认为城市生态修复是提升城市生态服务功能等。党的十八大以后，城市生态修复突破了传统的恢复受损城市生态系统的狭义概念，在新形势下被赋予了新的内涵，即城市生态修复是指通过修复城市被破坏的山体、河流、湿地、植被，修复和再利用城市废弃地，优化绿地等生态空间布局，恢复城市生态系统净化环境、调节气候与水文、维护生物多样性等功能，实现人与自然和谐共生的新型城市建设方式。

10.1.2　城市生态修复的内容

世界上最早开展生态恢复试验的是 Leopold，他于 1935 年在美国威斯康星大学的植物园恢复了一个 24 hm^2 的草场。20 世纪 50～60 年代，欧洲、北美和中国都注意到了各自的环境问题，开展了针对矿山、水体和水土流失等方面的生态修复工程，取得了一定成效。这一阶段，是国际城市生态修复的萌芽阶段，城市生态修复多以修复零星的单块废弃地或水土流失等单项工程的方式出现。1985 年，Aber 和 Jordan 两位英国学者首次提出"恢复生态学"这个科学术语。同年，国际生态恢复学会成立。国际权威杂志《科学》1997 年设专栏发表了 6 篇关于恢复生态学的论文。美国生态学会在 1997 年年会上提出恢复生态学是生态学五大优先关注的领域之一的论述。这一阶段，是国际城市生态修复的理论形成阶段，恢复生态学正式成为一门学科，城市生态修复的相关理论和实践得以迅速推进。20世纪 90 年代以后，生态修复涉及了城市、森林、农田、草原、荒漠、河流、湖泊等多种类型，并在退化原因、程度诊断，恢复重建的机理、模式和技术上作了大量研究。这一阶段，是国际城市生态修复的多学科融合阶段，城市生态修复成为可持续发展的重要内容，理论上呈现多学科交叉的态势，空间上出现跨区域的生态修复，景观尺度上逐渐从单个生态要素修复转向系统地修复整个城市生态系统。

我国城市生态修复起步较晚，20 世纪 50～60 年代，各地自发地开展小规模的矿山、林地、荒山等修复治理项目。20 世纪 80 年代，我国进入了城市生态修复的快速发展阶段。理论上，王如松等提出城市复合生态系统理论，城市生态修复成为生态学的研究热点；实践上，开始了区域范围的生态修复，如 1979 年三北防护林工程、20 世纪 80 年代太行山绿化工程和沿海防护林工程等。2015 年，中央城市工作会议后，城市生态修复成为城市工作的重要任务，各项实践工程纷纷启动，相关科研陆续展开。作为城市转型发展的重要标志，全国"城市双修"工作现场会将城市生态修复作为治理"城市病"、改善民生的重大举措。会后，城市生态修复工作在全国范围内全面启动。目前，我国正处于城市生态修复的大力发展阶段。

在城市生态系统中变动最快、对城市生态系统的功能影响最大的是水、氧气、食物、燃料、建筑材料和纸。

（1）水。城市的生命线，也是城市流量最大，速度最快的物质。功能多样：食物、原料、传递物质和能量的载体。

（2）氧气。氧气的消耗一部分与生物活动有关；另一部分在使用各种化学燃料为主的有机物质是被消耗。

（3）建筑材料。建筑材料包括砂、石、砖、瓦、石灰、水泥、沥青、钢筋、木材等，是城市中流动量最大的一类物质。

（4）纸。纸是城市中周转最快的、周转量最大的一类物质。

住房和城乡建设部《关于加强生态修复城市修补工作的指导意见》提出开展山、水、棕、绿四大类型的城市生态修复工作。"山"指破损山体，即人类对自然山体的无序开发而遗留下的采石坑、凌空面、不稳定山体边坡和废石（土）堆所形成的破损裸露山体；"水"指城市水体，即城市规划区范围内的地表径流及其附属空间，可分为河流、湖泊、湿地、海岸带等类型；"棕"指城市废弃地，包括采矿废弃地、产业废弃地和市政设施废弃地等类型；"绿"指城市绿地，即完善城市绿色生态网络，保护城市生物多样性。现状研究多集中于某个受损矿山、污染湖泊、废弃垃圾填埋场等具体场地的生态修复，或重视矿山、河流、湿地等某种类型的生态修复，但缺乏对城市整体生态系统修复的系统性、综合性研究。城市生态修复是一项复杂工程，涉及自然、经济、社会等子系统，且各子系统之间相互关联、相互影响。将城市生态系统作为一个整体，研究如何通过城市生态修复，在发展城市的同时，系统地提升城市的生态功能，探索城市发展对城市生态系统的影响机制、城市生态修复对城市环境改善的效应机制等，是未来的研究方向之一。

城市生态修复的过程和机理研究，需要在不同的空间尺度上来进行。

（1）宏观尺度上主要研究城市生态系统的结构修复，内容包括：通过绿楔、绿道、绿廊等结构性绿地，加强城市绿地、河湖水系、山体丘陵、农田林网等自然生态要素的衔接连通，构建区域宏观生态安全格局；保护生物栖息地和生物迁徙通道，保护和增加生物的多样性；构建完整、连续的水系网络等。宏观尺度上应识别需要加强保护和开展修复的生态空间，强调"保护优先"，防止"边修边破坏"。

（2）中观尺度上主要研究各类城市生态要素的修复，内容包括：保护山体自然风貌，消除安全隐患；加强河、湖、湿地的水量、水质、水生态的修复；完善城市绿地系统等。

（3）微观尺度上主要研究具体场地的生态修复设计，内容包括：开展控源截污、内源治理等生态工程；注重滨水景观带等敏感性场地的利用；适地适树、科学配置，营建乔、灌、草自然生长的植物群落；建设屋顶绿化、雨水花园、透水铺装等海绵设施。

以三亚城市生态修复为例，宏观尺度上，修复山、河、海的城市生态格局，塑造"山环海拥，水串多珠，绿廊渗透"的城市生态空间结构；中观尺度上，修复城市山体、两河水体和红树林生态要素，在对红树林的修复中，全面普查红树林资源，协调城市开发建设与红树林保护之间的矛盾，建立红树林保护利用体系，保障红树林生态空间的完整；微观尺度上，修复丰兴隆生态公园、月川生态绿道等城市重要生态节点，提升城市生态功能和市民满意度。从宏观、中观到微观，在不同的空间尺度上，系统有序地开展三亚城市生态修复工作，取得了重要的阶段性成果。

城市生态修复在不同空间尺度上的研究内容不同，但却互相关联，未来研究应重视尺度整合，即剖析宏观、中观、微观之间的作用、机理，以便系统、全面、有序地开展城市生态修复。同时，随着全球性生态系统退化和破坏日益加剧，城市生态修复对全人类和全球变化都至关重要，未来研究应强调城市生态修复在全球变化中的意义，如研究城市生态修复对减缓全球变暖、破解发展中国家快速城镇化进程中的"城市病"、恢复全球碳循环和水循环所起的积极作用等。

城市生态修复的实质是协调好城市复合生态系统的自然过程、经济过程和社会过程之间的关系，其核心是调节好以水、土、气、生、矿为主体的自然生态过程，以生产、流通、消费、还原、调控为主流的经济生态过程和以人的科技、体制、文化为主线的社会生态过程，在时、空、量、构、序范畴的生态耦合关系，推进以整体、协同、循环、自生为基础的生态规划、生态工程与生态管理的技术体系，在保育生态活力的前提下，实现社会、经济与自然的协调发展。

10.1.3 城市生态修复的程序

城市生态修复的特征之一是受到城市发展的剧烈干扰，因此，其目标和时间也与城市发展密切相关。美国自然资源委员会认为，生态修复的目标是使生态系统恢复到较接近其受干扰前的状态。但是，城市开发对生态环境造成的影响往往是不可逆的，因此，城市生态修复较难恢复到原始生态系统的完美程度。

城市生态修复的最终目标是实现人与自然的和谐共处，包括保护城市自然山水格局、修复退化的生态系统、加强城市生态系统管理、保护生物多样性等。同时，由于城市生态修复的长期性，还应制定与城市发展阶段相适应的阶段性目标。制定城市生态修复的目标时，应尊重城市的地域环境特征、历史文化特征、景观乡土特征，体现城市自身的特殊基因，防止对园林植物、水系景观等修复案例的简单复制，避免出现千城一面的现象。实现城市生态修复目标所需的时间与修复类型、退化程度、修复方向、人为干预程度等因素密切相关。

英国1952年爆发伦敦烟雾事件，经过半个世纪的治理才取得良好成果。欧洲莱茵河经过三十多年的治理，水质才基本转好。土壤地下水恢复需要一百年甚至更久，重度污染的地下水基本不可能恢复。我国三大湖之一的滇池，经过20年的治理，花费超过510亿，富营养化依然严重，水质仍为劣V类，治理难、恢复慢。因此，城市生态修复是一项长期工程，不能盲目乐观地寄希望于 3 ~ 5 年即可完全恢复，而应给予足够长的时间和耐心来进行修复，同时，兼顾长期利益和短期利益，"小步、慢跑、不停"，逐一完成各阶段的目标，最终实现人与自然的和谐共处。

城市生态修复强调在开展具体的修复工作之前，要先对生态进行评估。生态评估旨在全面调查、评估城市的自然环境质量，尤其是中心城区及城市周边的山体、河道、湖泊、海滩、植被、绿地等自然环境被破坏的情况，识别生态环境存在的突出问题、亟须修复的区域和需要加强生态保护的区域，生态评估是系统地开展生态修复工作的基础。在编制实施方案的过程中，应针对修复项目的具体情况，因地制宜地选择合适的修复技术，优化技术方案。

近年来，关于城市生态修复技术的研究、专利成果的数量迅速增长，就具体的修复技术而言，有山体修复技术（如边坡绿化、液压喷播）、水体修复技术（如控制污染、去除富营养化、海绵技术）、土壤修复技术（如土壤改良、表土稳定、控制水土侵蚀、换土及分解污染物）、空气修复技术（如烟尘吸附、生物和化学吸附）、植被修复技术（如物种引入、品种改良、林分改造、群落构建）、生态调控技术（如捕食者引进、病虫害控制、微生物的引种和控制）等。

城市生态修复也应采用弹性思维，提升城市生态系统的稳定性和承载力；在弹性的度量方法上，目前多采用调查研究或数学模型的方法来度量，由于弹性的确定首先需要度量城市生态系统动态域的阈值或边界，很难直接被测算，因此比较研究是未来弹性研究的重要方法之一；通过情景设计和适应性管理，对城市生态系统的弹性进行分析，探讨如何修复系统弹性，构建高适应力的城市管理体系，是未来研究的重要方向。城市生态修复是一项长期工程，修复过程中生态系统如何发展存在着很大的不确定性。同时，修复过程也是一个不断变化的动态过程，为确保生态系统按确定的目标进行修复，需要长时间、定期地开展跟踪监测，及时掌握信息，纠正方向，从而实现预期效果。

10.2　城市生态修复规划案例

10.2.1　武汉园博园案例研究

武汉园博园是武汉市近年来的标志性城市公共绿地建设工程。其最大特色在于对城市生态污染、生态割裂、垃圾围城、渍水内涝等一系列"城市重疾"的正面回应与积极突围。它通过土地复合利用和生态就地修复的方式，成功再造了自然山水，反哺了城市生态。本节拟从生态反哺、生态修复与生态连接三个维度，简要分析并探讨武汉园博园如何通过全生态的规划设计手法，实现了"生态园博、绿色生活"的目标，旨在提升对城市公共绿地景观规划设计方法及其价值功能的进一步认知。

10.2.1.1　生态反哺：回归本质的选址经营

在城市空间建设的视角下可以发现，武汉园博园的功能形态已完全回归了城市绿地空间应有的位置，这既有力破除了城市空间建设与保护自然之间的逻辑悖论，更巧妙化解了现代城市人与自然走向极端疏离的现实困惑。而在此基础上构建的一系列绿地空间形态和精神生态特质，也将本研究线索的起点直接指向了对该城市绿地的选址考察之上。前九届园博会，几乎全部选址生态环境良好、污染较少、建设成本低的城市新（郊）区。但武汉园博园完全打破了常规，不仅选在城市建成区核心地段的城中村拆迁地，而且主场所还"偏"选在了金口垃圾场这个亚洲单体最大的城市生活垃圾填埋场之上。不过这种自找麻烦的背后，深深包含的却是"哪里环境最差，哪里最需要生态，就在哪里建设"的生态反哺之情和环境设计的至善之义。

交通区位分析表明，规划区东西分别靠近金南一路和古田二路，南北各毗邻汉丹铁路和金口大道。从北面金口大道地铁口到园区北门步行仅需 8 分钟，周边八个社区中最远的万科四季花城到园区几何中心的步行直线距离也不超过 10 分钟。加之附近建筑林立，街道狭窄，停车位十分紧张，这样的选址反倒向人们发出了绿色出行的倡议。较之往届多数"城郊园"建园模式，武汉园博会的这种"城中园"选址意图，体现出较强的创新意义。

从生态区位分析可看出，规划区选址在武汉市"两轴两环，六楔多廊"生态框架中的生态内环，即三环线北段，并被作为武汉市重要生态工程——张公堤城市公园的核心工程来建设。这样一来，武汉园博园便犹如一颗美丽而灿烂的明珠，被镶嵌在武汉市中心地带，持续向外散发出源源绿能，更好地实现了园博园的社会公益和生态文明价值。

10.2.1.2　生态修复：就地修复的规划用心

从现场分析中可以看出，原金口垃圾场周边社区密集，场地内塑料垃圾袋堆积如山，渗滤液横流，恶臭不堪，大量生活垃圾堆积时间超过 17 年，整体长度超过 1 km，宽度 350 m，面积相当于 60 个足球场，堆量达 500 万 m³。体量如此巨大的城市生活垃圾相互混杂，随着时间积累，产生了大量渗滤液和沼气，处理时若稍有不当，便极易产生重大安全和环境隐患。结合分析，可以得知，武汉园博园既没有采取传统的烧、挖、筛等垃圾处理方式，也没有将现场的生活垃圾运走了事，而是借助先进的就地修复技术和巧妙的空间营造手法，一举实现了城市垃圾山的华丽转身，将之变成永久性城市绿色高地，既避免了二次污染环境，又节约了近 6 亿元的垃圾处理和建设成本。

10.2.1.3　生态连接：连接循环的设计手法

由于地块分割是现代城市绿地规划建设的又一难题，所以下面将再从武汉园博园是如何破除此难题的角度解析城市绿地规划怎样加强交通和生态连接。东桥是连接荆山景区和楚水景区的主要通道，宽度达 220 m，西桥作为辅桥，宽 30 m。这种"中织补"的修复策略，不仅巧妙解决了园区地块分割问题，将荆山和楚水两个景区有机连接起来，而且由于对园区内三环线道路实施了复层绿化和生态织补，较大程度提高了三环线整体道路的景观水平。

10.2.1.4　结论与启示

武汉园博园不仅借助全生态的规划理念将园林文化与城市建设古今相连，又通过生态就地修复的设计策略和连接织补生态空间的创意手法，深化了城市绿地的当下价值和未来意义。从 2015 年助力武汉市摘得巴黎气候大会"C40 城市气候领袖奖"，到 2016 年的"中国人居环境范例奖"和"中国人权大会范例奖"，该城市绿地所蕴含的现代城市生态景观的价值和意义正持续显现并被不断认可。而这一切，正是规划设计者们在面对垃圾围城、雾霾污染、生态破坏、渍水内涝等一系列城市重疾时，不断思考和勠力实践而成就的。

10.2.2　南通濠河景区环境综合整治案例分析

城市滨水区是城市自然资源和生物类别最为丰富的区域，不仅构成了城市自然生态环境，更是城市历史文化的延续和传承。伴随着城市建设的快速发展所带来的生态环境破坏、历史文化缺失等现象，导致城市滨水区生态系统面临着重大威胁。因此，探寻城市滨水区生态修复与保护策略，恢复与重建城市滨水区自然生态环境，保证生态系统平衡和稳定，这对于城市的可持续发展具有重要意义。南通濠河的建设者们经过多年的努力，探索出扎实有效的系列举措，收到很好的成效。

10.2.2.1 再造城市滨水空间

多年来，濠河周边累计搬迁了 56 家企业单位，其中不乏重污染企业；4 个大型垃圾中转站；12 个水运粪码头；累计拆除 11 万多 m^2 的违章建筑，濠河水域面积由整治前的 900 亩扩至 1 100 亩，使得南通城市中心滨水区域得以充分拓展。近年来，根据南通城市总规和地块控规，精心编制了《南通市濠河风景名胜区核心景区专项保护规划》，明确了保护优先、保护生态的原则，将总用地约 130.04 hm^2 的濠河水体、濠河沿岸两侧的绿地及开放空间一并纳入生态及自然景观保护区，严格限制开发行为。

10.2.2.2 多措并举改善水质

在濠河生态环境建设过程中，自始至终贯穿着"以人为本、以水为脉、以绿为衣"的治水理念，按照"治、排、迁、疏、建、管"六字方针，通过控源减污、河底清淤，辅以工程性截污导流等措施，对污染物排放实行严格控制和截流，从源头降低污染排放。近两年对改造难度很大的老城区雨污混流排口进行排查，陆续完成了 23 处污水截流整治；先后建造了 2 座引水泵站和 9 个涵闸，使濠河形成连接长江、北引南排、自成一体、自我净化的独立体系；2016 年推动濠河清淤整治，采用环保型绞吸式挖泥船将濠河全水域的淤泥绞吸至一体化固化装置进行脱水处理，然后将淤泥含水量降至 50% 以下，淤泥脱水固化后外运处置，共计清淤 23 万 m^2，较好地抑制了水草泛滥的现象，濠河水质持续改善。

10.2.2.3 营建自然生态驳岸

濠河驳岸多以自然驳岸为主，具有亲水、安全、提升生态环境品质等综合功能，形成生态秀美的河岸景观。在水域较宽地段（如水关花园地段），保留河道两岸原有的草地、树林、灌木以及水生植物，保障自然物质循环；在河道较窄且驳岸略高的地段（如文化宫桥至公园桥河段），种植常春藤、黄馨、爬山虎等垂挂植物，增加绿视率；对于临水高驳岸一侧（如南公园桥段）通过打木桩垒放生态袋的形式建设植物生态护坡，柔化硬质岸线，保障生态修复与景观控制相结合，促使滨水景观生态环境一体化发展。

10.2.3 国外城市河流生态修复案例研究

10.2.3.1 美国芝加哥河生态修复

在过去的 150 年中，芝加哥河对于市的工业和航运做出了巨大贡献，但是城市中的居民和工业企业对于芝加哥河却缺少保护意识，使得芝加哥河从一条自然资源丰富的天然河流，变成有着为了支撑航运码头而建造的绵延数公里混凝土驳岸的渠化河流。在百年后的今天，芝加哥河沿岸的混凝土驳岸和防波堤逐渐老化，存在严重的安全隐患，而两岸城市居民对于绿地的迫切要求，也把对于芝加哥河岸的改造事宜提上了沿岸企业和城市管理者的日程。

矮墙式驳岸是把原有驳岸的板桩截断或者直接将其替换为更短的板桩使之变为矮墙，并根据矮墙的高度进行一些土方工程改造，让河岸的坡度平缓自然。

经植物强化的板桩护岸是另一种对于驳岸的生态处理方式，在不改变其结构的前提下，用植物加强护岸的生态性。

10.2.3.2　韩国光州川生态修复

20 世纪 70 年代开始，光州市工业化发展进入高峰，由于缺乏河流保护意识，大量生活污水和工业废水不经处理直接排入光州川，造成了严重的河流污染。

光州川河流生态修复主要采取分段处理方式，根据河流流经地段环境和文化特点，把河流分为三个治理河段，每个河段都有自己的特色主题和治理措施。上游为第一个河段，位于城市郊区，靠近水源地，主题定位"自然的河流"。第二个河段穿过市中心中游，最接近市民，主题为"文化的河流"。下游第三个河段主题为"生态的河流"，划定生态保护区域，在与荣山江交汇处直径 2.5 km 范围内限制人工设施建设，不设置混凝土护岸，保留和恢复自然河滩，为野生动植物营造栖息地。

10.2.4　浦阳江生态廊道建设

浦阳江发源于浦江，是钱塘江的重要支流，被浦江县人民奉为母亲河。所选案例位于浦江县城内，长约 17 km，总面积 196 hm^2，宽 20～130 m。浦江被称为"中国水晶玻璃之都"，全县几乎村村搞水晶，水晶相关产业曾经给浦江人民带来了财富，但在繁华背后也造成了浦江污水横流，肆意排放的残渣废水不但污染了浦阳江，还污染了钱塘江。

10.2.4.1　设计策略

（1）湿地净化系统。

湿地净化系统的原理是在将支流水体引入浦阳江前，通过修复后湿地净化过滤后再引入浦阳江。设计中充分利用较大斑块，以其为基底，发挥其在水体净化方面的作用，同时结合景观环境，改造为湿地公园。

（2）生态工法。

通过拓宽湿地，加强对洪水的吸纳及净化作用，融入适宜性的生态景观设施，将绿色廊道融入人们的日常生活。结合有效的生态净化系统，使水质逐步趋于稳定。

（3）雨洪管理。

增加一系列不同级别的湿地，加强对洪水的吸纳；蓄存的水资源在旱季可补充地下水，也可作为植被浇灌用水。将原本硬化的河道进行生态化改造，运用土壤生物工程技术巩固河岸和防止土壤侵蚀。

（4）最小干预策略。

充分利用浦阳江两岸原有植被资源，最大限度地保留乡土植被，结合场地良好的自然风貌，将人工景观巧妙融入自然。新规划设计的景观小品与原有资源环境相契合，绿色植被尽量选取当地乡土品种，尽可能减少对原有生态环境的破坏。

（5）再利用策略。

浦阳江沿线现存大量水利设施，且一部分具有年代记忆，通过设计，在保留传统功能及记忆元素的前提下，转变为宜人的休闲景观设施。

10.2.5　生态系统健康评价的矿业城市生态修复规划——以鹤岗为例

矿业城市是指着重发展矿业资源开采产业，并以此刺激和带动该地副产业发展的典型经济社区。随着资源枯竭，矿井逐一关闭，大面积挖损、塌陷、污染的废弃土地持续带来的生态问题成为制约城市发展和人民健康生活的重要矛盾。

鹤岗市位于黑龙江省，是一座煤炭开采历史悠久的资源型城市。鹤岗共有九大矿区，主要分布在市区的东部。

10.2.5.1　因子选择

多因子加权叠加法是生态空间识别与分类最常使用的方法。本节将从生态系统健康视角出发，选择生态因子进行量化计算与空间制图；并利用 ArcGIS 平台进行加权叠加，对矿区生态系统健康水平进行定量评估，找出最为迫切需要解决的城市生态问题，经分析整理，进行鹤岗生态修复规划。本节选取活力、组织力、土地恢复力、土壤重金属污染、土壤塌陷、调节服务、文化服务和支持服务因子作为矿业城市生态系统健康评估因子。

10.2.5.2　因子权重确定

在因子的权重确定上，通过对研究区进行调研分析，根据评价因子对矿业废弃地的生态系统健康的影响程度进行等级划分。基于 yaahp V10.3 软件平台，通过构建判断矩阵确定计算指标权重。

5.2.5.3　生态因子量化计算

生态系统活力常用生态系统中的植被净初级生产力水平来表达，不同地表和地区的 NPP 值存在很大差异。本研究以鹤岗市气温、降水、辐射、NDVI 和土地利用为基础数据，参考朱文泉等改进的光能利用率模型，利用 ENVI 平台估算鹤岗矿区的净初级生产力。

生态系统组织力中对生态健康影响最大的是其网络结构和完整性，一般用景观网络结构来表达。本节采用最小阻力模型，考虑源、景观单元特征、距离三方面的因素，计算物种从源地到目的地所耗费的代价来描述组织力水平。

生态系统恢复力能够在自然和人文因素干扰下尽量维持其原有的结构和功能。本节利用恢复力系数、土壤塌陷指数和土壤重金属综合污染共同表征矿业城市生态系统恢复力。土壤重金属污染数据来源于土样检测：将矿区废弃地土壤情况按废弃类型分为三个采样带，在研究区废水井、滤池、煤矸石堆斜坡和废机井等土壤污染重点区域加密采样，并将土样送检。运用单因子污染指数法和内梅罗污染指数法来表征研究区土壤重金属污染，最后利用克里斯金插值法进行空间制图。

10.2.5.4　生态系统健康评价

将生态系统各项评价因子归一化处理后进行加权叠加，得到现状生态系统健康评价结果。其中，"病态"斑块有 758.10 hm^2，"不健康"斑块有 2 728.63 hm^2，"亚健康"斑块有 2 712.60 hm^2，"较健康"斑块有 673.92 hm^2，"健康"斑块有 431.74 hm^2。研究斑块整体健康水平较低主要是因为组织力与恢复力水平过低。因此在后续的生态系统修复规划中应着重强调恢复力与组织力水平的提升。南山矿区、益新矿区病态程度最高，对周边农田影响最为深重，主要原因是矿井周边分布的龙源选煤厂、冠隆选煤、兴隆洗煤厂的洗煤废物导致了土壤 Cd、Cu、Mn、Pb 污染，并渗透到周边农田产生了恶劣的影响。因此，在后续的生态系统修复规划中应着重处理土壤污染问题。

10.2.5.5　矿业城市生态修复规划

通过对研究区生态系统健康进行评价，能够识别出研究区内现有的生境良好的斑块。进行生态修复规划时，优先利用现有的生态资源。通过对比规划前后研究区生态系统健康水平，可以发现，生态修复规划面积仅占研究区面积的12.3%，但"健康"面积提升了 55.36%，"较健康"面积提升了 153.99%，"亚健康"

面积减少 14.72%，"不健康"面积减少 4.77%，"病态"面积减少 98.57%，达到了事半功倍的效果。关注土壤结构、土壤污染和植被生长的修复，能够大幅度提升生态系统恢复力水平，为城市可持续发展奠定良好的生态基础。新构建的生态廊道对生态系统组织力的提升起到了至关重要的作用，它们既增加了生态功能的连续性，又提升了生态健康水平。可见，基于生态系统健康评价的矿业城市生态修复规划，能够精准把握城市面临的关键生态问题，从而更高效地改善城市生态健康水平，促进城市可持续发展和人民生活健康。

当前，城市生态修复效果评估的研究主要集中在评价指标体系构建、评价方法选择和跟踪监测及动态评价三个方面。评价指标选择是评价修复效果的关键，如何全面客观地选择评价指标，如何科学地设计指标体系一直是研究的热点。国际恢复生态学会建议通过比较修复系统与参照系统的生物多样性、群落结构、生态服务功能、干扰体系，以及环境质量来评价，但各个城市生态本底条件不同，面临的发展形势不同，很难选择合适的参考城市，也不应简单地模仿参考城市。指示物种法主要依据生态系统的关键种、特有种、指示种的数量、结构等指标的变化来反映生态修复的效果大小，但指示物种的筛选标准及其对修复效果的指示作用的强弱不明确，且未考虑社会经济指标等因素，因此难以全面地评价修复效果。指标体系法能相对全面、综合地反映城市生态修复的效果，在现有的研究中，城市生态健康评价、城市生态安全评价、城市生态系统服务价值评价等相关评价多采用指标体系法，但这些评价指标体系本身尚有待完善成熟。如何构建全面、完善、成熟的修复效果评价指标体系，是未来亟须完善的研究方向之一。恰当的评价方法对分析评价结果起着至关重要的作用。目前，城市生态修复效果的评价方法主要有综合评价法、模糊评价法、层次分析法和模型评价法等。如何因地制宜，选择科学、合适的评价方法，也需要加强研究。城市生态修复是一项长期工程，修复过程中生态系统如何发展存在着很大的不确定性。同时，修复过程也是一个不断变化的动态过程，为确保生态系统按确定的目标进行修复，需要长时间、定期地开展跟踪监测，及时掌握信息，纠正方向，从而实现预期效果。美国对切萨皮克湾的生态修复开展了长达 40 年的监测评估，积累了大量的研究资料，为修复效果评价、修复方案选择、修复技术筛选等决策提供了数据支撑。我国城市生态修复起步较晚，缺乏长时间、有序列的监测数据。随着城市生态修复工作向全国推广，构建科学的评价指标体系，定期开展修复效果评估，是未来研究的趋势，也是修复工作的一项任务。

　　城市生态修复是一个涉及生态学、环境学、城乡规划学、植物学、动物学、经济学、社会学等多学科交叉的研究领域，其修复方案制定、修复过程实施、修复效果评价等影响因素非常复杂。尽管国家高度重视城市生态修复工作，相关理论研究和修复实践也取得了许多成果，但是，城市生态修复在概念与内涵、对象与尺度、目标与时间、实施步骤、适用技术、修复效果评估等方面仍需要进一步深入地探讨。城市发展对城市生态系统的影响机制、城市生态修复对城市环境改善的效应机制等综合性、系统性的研究，城市生态修复在全球变化中的意义，利用弹性思维开展城市生态修复与管理，建立长期跟踪评价数据等方面需要进一步加强研究。而这些均是保障城市生态修复顺利开展的关键因素，将是未来生态修复研究的重点。城市生态修复是治理"城市病"、改善民生的重要举措，在修复过程中，应时刻以保护为前提，以尊重自然恢复为原则，避免"边修边破坏"；应坚持近、远期目标相结合，制定与城市发展阶段相适应的阶段性目标，增强规划的科学性和权威性，"小步、慢跑、不停"，最终实现人与自然的和谐共处。

参考文献

[1] 库帕 . 人性场所 [M]. 俞孔坚，译 . 北京：中国建筑工业出版社，2000.

[2] 刘易斯·芒福德 . 城市发展史 —— 起源、演变和前景 [M]. 倪文彦，宋峻岭，译 . 北京：中国建筑工业出版社，1989.

[3] 冯纪忠 . 人与自然 —— 从比较图林史看建筑发展趋势 [J]. 建筑学报，2019(5)：39-46.

[4] 李雄，张云路 . 新时代城市绿色发展的新命题 —— 公园城市建设的战略与响应 [J]. 中国园林，2018，34(5)：38-43.

[5] 刘滨谊，鲍鲁泉，裘江 . 城市街头绿地的新发展及规划设计对策 —— 以安庆市纱帽公园规划设计为例 [J]. 规划师，2001，17(1)：76-79.

[6] 俞孔坚，陈晨，牛静 . 最少干预 —— 绿林中的红飘带：秦皇岛汤河滨河公园设计城市环境设计 [J]. 浙江工业大学学报，2018(1)：19-27.

[7] 俞孔坚 . 土地的设计 —— 景观的科学与艺术 [J]. 规划师，2004，2(20)：13-17.

[8] 张文军，魏巍 . 城市生态规划与经典案例研究 [M]. 哈尔滨：东北林业大学出版社，2023.

[9] 张文军，魏巍 . 乡村振兴战略下田园综合体建设研究 [M]. 哈尔滨：哈尔滨地图出版社，2021.

[10]Zhang W J, Wang L, Liu H P, et al. The effects of alkaline stress and developing stage on the magnitude of clonal integration in leymus chinensis: an isotopic (15n) assessment[J]. Pakistan journal of botany, 2020, 6(10): 1941-1947.

[11]Wei W, Liu M Y, Zhang W J, et al. Studies on influencing factors of heterotrophic nitrifying bacteria treating black and odorous water bodies[J]. Green Energy and Sustainable Development, 2019(2122): 020072.

[12]Zhang W J, Wei W, Xing Y, et al. Isolation and characterization of heterotrophic

nitrifying bacteria and the removal of pollutants in black and malodorous water bodies[J]. Earth and Environmental Science, 2019(300): 052029.

[13] 魏巍, 张文军, 黄乐. 异养硝化细菌的筛分及处理黑臭水体研究 [J]. 供水技术, 2018, 12(1): 53-55.

[14] 魏巍, 黄廷林, 黄卓, 等. 微污染水原位生物脱氮处理中填料的选择 [J]. 工业水处理, 2011, 31(3): 27-27, 63.

[15]Huang T L, Wei W, Su J F, et al. Denitrification Performance and Microbial Community Structure of a Combined WLA-OBCO System[J]. PLOS ONE, 2012, 7(11): 1-8.